- 無線設備の変更の工事の許可 **といえば**

  総務大臣の検査を受け，当該工事の結果が許可の内容に適合していると認められた後でなければ運用してはならない
- 識別信号の指定の変更 **といえば** 総務大臣に**変更を申請**
- 免許状の記載事項の変更 **といえば** **免許状を総務大臣に提出し訂正を受ける**

3章　無線設備 ☞ 1 問出題

- 無線設備の定義 **といえば**

  無線電信，無線電話その他電波を送り，又は受けるための電気的設備
- F3E の電波の型式 **といえば**

  角度変調で周波数変調，アナログ信号である単一チャネル，電話
- F2D の電波の型式 **といえば**

  角度変調で周波数変調，デジタル信号である単一のチャネルで副搬送波を使用するデータ伝送，遠隔測定又は遠隔指令
- 電波の質 **といえば** **周波数の偏差及び幅，高調波の強度等**

やさしく学ぶ

第三級陸上特殊無線技士試験

吉村和昭・著

改訂2版

((( ))) まえがき

　光は，太陽や星の光として，人が目から直接感じることができるため，有史以来，様々な研究の対象にされ，ニュートン（I. Newton, 1642-1727）をはじめ，多くの学者が関わってきました．それに対して，電波は人が直接感じることはできませんが，イギリスのマクスウェル（J. C. Maxwell, 1831-1879）によって，電磁気に関する理論がまとめられました．1888年，ドイツのヘルツ（H. R. Hertz, 1857-1894）によって，電波の存在が実証され，1895年，イタリアのマルコーニ（G. Marconi, 1874-1937）が無線電信の実験に成功し，電波の実用化に第一歩を踏み出しました．1912年に豪華客船タイタニック号が遭難したときに無線電信が使われています．現在は毎日多くの人が電波を利用していますが，まだ100年ほどしか経過していません．

　電波は1秒に3×10^8 m（30万km）進み，通信，放送，物標探知，位置測定など多くの分野に利用され，人命の安全確保にも大きく貢献しています．

　有線通信では混信は発生しませんが，無線通信においては複数の人が同じ周波数の電波を使うと混信が発生しますので，自分勝手に自由に電波を使うことはできません．そのため，国際的，国内的にも約束事が必要になってきます．国際的には1906年に国際無線電信連合が設立され，国内的には1915年に無線電信法が制定されました．その後，無線電信法は，1950年に電波法となり現在に至っています．

　無線従事者資格も時代とともに変遷しています．現在の無線従事者資格は，「総合無線従事者」，「陸上無線従事者」，「海上無線従事者」，「航空無線従事者」，「アマチュア無線従事者」の5系統に分かれており，全部で23種類あります．そのうち，特殊無線技士と呼ばれる資格は，陸上が4資格，海上が4資格，航空が1資格の合計9資格です．陸上特殊無線技士の4資格は，「第一級〜第三級陸上特殊無線技士」と「国内電信級陸上特殊無線技士」です．

　本書は「第三級陸上特殊無線技士」の国家試験に合格できるようにまとめたものです．

　「第三級陸上特殊無線技士」の資格を所有する人は，陸上の無線局の無線設備（レーダー及び人工衛星局の中継により無線通信を行う無線局の多重無線設備を除く）で，25 010 kHz 〜 960 MHz の周波数では空中線電力50 W以下，

1 215 MHz 以上の周波数では空中線電力 100 W 以下の電波の質に影響を及ぼさないものの技術操作が可能です．国家試験の試験科目は，「無線工学」と「法規」（電波法規）の2科目で，毎年の受験者は約1 500人程で，その合格率は概ね80〜90％程度とかなり高い合格率となっています（試験のほかに，三陸特の養成課程（講習会）で毎年約2万人が取得しています）．「無線工学」と「法規」に関する基本的な事項をしっかりと学習し，過去問を繰り返し解けば合格に近づきます．本書は基本的な事項を解説した後，理解の確認ができるような練習問題を掲載しています．練習問題にある★印は出題頻度を表しています．★★★はよく出題されている問題，★★はたまに出題される問題です．合格ラインを目指す方はここまでしっかり解けるようにしておきましょう．★は出題頻度が低い問題ですが，出題される可能性は十分にありますので，一通り学習することをお勧めします．

　改訂2版では，最近出題が増えてきたデジタル関連など，最新の国家試験問題の出題状況に応じて，テキスト解説や問題の追加・変更を行っています．また，1編6章（空中線系）では，実際のアンテナの写真を掲載し，理解しやすいように努めました（写真をご提供いただきました秋山典宏氏に感謝申し上げます）．

　筆者は，第一級〜第三級陸上特殊無線技士の講習会講師をしていますが，過去問の暗記のみで試験に臨んだ人より，原理をある程度理解して試験に臨んだ人の方が，合格率が高い傾向にあると感じています．「第三級陸上特殊無線技士」を取得するための勉強は，将来，さらに上級の「第二級陸上特殊無線技士」，「第一級陸上特殊無線技士」などの資格を取得されるときのステップにもなりますので，十分学習して，資格を取得されることをお勧めします．

　本書が皆様の第三級陸上特殊無線技士の国家試験受験に役立てば幸いです．

2022年7月

吉 村 和 昭

目 次

1編　無線工学

1章　電波の性質 ……………………………………… 2
2章　電気回路 ………………………………………… 8
3章　半導体及びトランジスタ ……………………… 16
4章　通信方式 ………………………………………… 22
5章　無線通信装置と操作方法 ……………………… 30
6章　空中線系 ………………………………………… 48
7章　電波伝搬 ………………………………………… 58
8章　電　源 …………………………………………… 64
9章　測　定 …………………………………………… 72

2編　法　規

1章　電波法の概要 …………………………………… 80
2章　無線局の免許 …………………………………… 86
3章　無線設備 ………………………………………… 97
4章　無線従事者 ……………………………………… 104
5章　運　用 …………………………………………… 113
6章　業務書類等 ……………………………………… 124
7章　監　督 …………………………………………… 127

参考文献 ……………………………………………… 140

索　引 ………………………………………………… 141

1編
無線工学

INDEX

1章　電波の性質
2章　電気回路
3章　半導体及びトランジスタ
4章　通信方式
5章　無線通信装置と操作方法
6章　空中線系
7章　電波伝搬
8章　電源
9章　測定

1章 電波の性質

この章から 0 〜 1 問出題

電波と光はともに電磁波の一部です．電波は周波数によって性質が異なり，それぞれの周波数の特性を生かして，様々な分野で使われています．この章では電波の基本的な事項を学びます．

1.1 電波とは

「電波とは，**300 万 MHz 以下の周波数の電磁波をいう**」と電波法第 2 条で規定されており，これからも「電波は電磁波の一部である」ということがわかります．電磁波は**図 1.1** に示すように，電波，赤外線，可視光線，紫外線，X 線などに分類することができます．

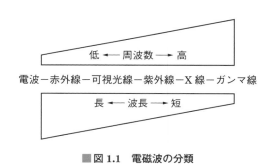

低 ←── 周波数 ──→ 高

電波−赤外線−可視光線−紫外線−X 線−ガンマ線

長 ←── 波長 ──→ 短

■図 1.1　電磁波の分類

★★★ 超重要 1.2 電波の速度

電波と光は電磁波であり速度も同じです．ここで，光の速度を c とすると，真空中においては，c の値は次のようになります．

$$c = 3 \times 10^8 \, \text{m/s} \tag{1.1}$$

なお，真空以外の媒質中における電波の速度は，真空中より遅くなります．

★★★ 超重要 1.3 電波の周波数と波長

図 1.2 のように，**1 つの波の繰返しに要する時間**を「**周期**」（通常 T で表す），**1 秒間に波の繰返しが何回起きるか**を「**周波数**」（通常 f で表す）といいます．周期の単位は〔s〕（秒），周波数の単位は〔Hz〕（ヘルツ）です．

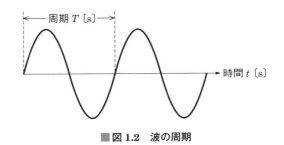

■図 1.2 波の周期

　周期 T〔s〕と周波数 f〔Hz〕は逆数の関係にあるので，次式で表すことができます．

$$T = \frac{1}{f} \qquad f = \frac{1}{T} \tag{1.2}$$

　周波数は 1 秒当たりの波の繰返し数なので，1 つの波の長さの波長 λ〔m〕をかけると，1 秒に波が進む距離になります．これが速度 c で次式のようになります．

$$c = f\lambda \tag{1.3}$$

式（1.3）を変形すると，次式のようになります．

$$f = \frac{c}{\lambda} \qquad \lambda = \frac{c}{f} \tag{1.4}$$

波長はアンテナの長さを求めるときに必要になります．

 電波の周波数 f と周期 T の関係は，$f = \dfrac{1}{T}$

電波の速度 c，周波数 f，波長 λ の関係は，$c = f\lambda$

問題 1 ★ ➡ 1.3

　電波時計で使用している福島県に設置されている長波標準電波の周波数は 40 kHz である．波長を求めよ．

解説 式（1.4）を使用して波長 λ を求めると

$$\lambda = \frac{c}{f} = \frac{3 \times 10^8}{40 \times 10^3} = \mathbf{7\,500\ m}$$

問題 2 ★　　　　　　　　　　　　　　　　　　　　　　　　　　→ 1.3

波長が 3.75 m の FM 放送局の周波数を求めよ.

解説　式（1.4）を使用して周波数 f を求めると

$$f = \frac{c}{\lambda} = \frac{3 \times 10^8}{3.75} = 80 \times 10^6 \, \text{Hz} = \textbf{80 MHz}$$

関連知識　接頭語

日常的に使用する接頭語を**表 1.1** に示します.

■**表 1.1　接頭語**

倍数	記号	読み	倍数	記号	読み
10^{12}	T	テラ（tera）	10^{-3}	m	ミリ（milli）
10^{9}	G	ギガ（giga）	10^{-6}	μ	マイクロ（micro）
10^{6}	M	メガ（mega）	10^{-9}	n	ナノ（nano）
10^{3}	k	キロ（kilo）	10^{-12}	p	ピコ（pico）

出題傾向　接頭語で良く出題されるのは，抵抗器の「kΩ」，コンデンサの「μF」です.

電波は 300 万 MHz 以下の電磁波です. 300 万 MHz は，3×10^{12} Hz ですので 3 THz のことです.

問題 3 ★★★　　　　　　　　　　　　　　　　　　　　→ 1.2 → 1.3

次の記述の　内に入れるべき字句の組合せで，正しいのはどれか.

電波の伝搬速度は，光の速さと同じで 1 秒間に $3 \times$ ［ A ］メートルである. また，同一波形が 1 秒間に繰り返される回数を ［ B ］という.

	A	B
1	10^8	周波数
2	10^8	周期
3	10^{10}	周波数
4	10^{10}	周期

解説 電波の速度は $3 \times 10^8\,\mathrm{m/s}$ です．1秒当たりに繰り返される波の数は**周波数**で，波形1回分の繰返しに要する時間が周期です．

答え▶▶▶ 1

1.4 電波の周波数と波長による名称と用途

電波は伝わり方（方向や距離）や送受信できる情報量などの性質だけでなく，気象条件（降雨や降雪など）による影響の有無などが周波数（波長）によって異なるため，それぞれの用途に適した周波数が用いられています．電波の周波数と波長による名称と用途を**表 1.2**に示します．

■表1.2 電波の周波数と波長による名称と用途

周波数	波長	名称	略称	用途例
$3 \sim 30\,\mathrm{kHz}$	$100 \sim 10\,\mathrm{km}$	超長波	VLF	潜水艦通信
$30 \sim 300\,\mathrm{kHz}$	$10 \sim 1\,\mathrm{km}$	長波	LF	標準電波
$300\,\mathrm{kHz} \sim 3\,\mathrm{MHz}$	$1\,\mathrm{km} \sim 100\,\mathrm{m}$	中波	MF	AM放送，船舶通信
$3 \sim 30\,\mathrm{MHz}$	$100\,\mathrm{m} \sim 10\,\mathrm{m}$	短波	HF	短波放送，船舶通信
$30 \sim 300\,\mathrm{MHz}$	$10 \sim 1\,\mathrm{m}$	超短波	VHF	FM放送，航空通信
$300\,\mathrm{MHz} \sim 3\,\mathrm{GHz}$	$1\,\mathrm{m} \sim 10\,\mathrm{cm}$	極超短波	UHF	テレビ放送，携帯電話
$3 \sim 30\,\mathrm{GHz}$	$10 \sim 1\,\mathrm{cm}$	センチ波	SHF	衛星放送，レーダー
$30 \sim 300\,\mathrm{GHz}$	$1\,\mathrm{cm} \sim 1\,\mathrm{mm}$	ミリ波	EHF	電波天文，レーダー
$300\,\mathrm{GHz} \sim 3\,\mathrm{THz}$	$1 \sim 0.1\,\mathrm{mm}$	サブミリ波		距離計

※波長 $1\,\mathrm{m} \sim 1\,\mathrm{mm}$ 程度をマイクロ波と呼ぶことがある．

VLF：Very Low Frequency　　　　LF：Low Frequency
MF：Medium Frequency　　　　　HF：High Frequency
VHF：Very High Frequency　　　UHF：Ultra High Frequency
SHF：Super High Frequency　　　EHF：Extremely High Frequency

> 📡 **Column** 縦波と横波
>
> 波が伝搬する方向を進行方向としたとき，**変位が進行方向と同じ向きに生じる場合を縦波，進行方向と直角の向きに生じる場合を横波**といいます．**音波は縦波で電磁波は横波**です．音波の変位量は音圧で，進行方向に変化します．電磁波の変位量は電界と磁界で，どちらも変位の方向は電磁波の進行方向と直角になります．

関連知識　**電界と偏波面**

　電磁波は電界と磁界が時間的に変化しながら伝搬します．電界と磁界が伴って存在し，真空中では光速度で伝搬します．電界と磁界の振動方向はどちらもその進行方向に直交する面内にあり，お互いに垂直になっています．この振動面を**偏波面**といいます．偏波面が，波の進行方向に対して一定である場合を**直線偏波**といいます．この偏波面が時間的に回転する場合を**円偏波**といいます．

　直線偏波の電波の場合，**図 1.3** に示すように電界が**地面に対して水平**の場合を**水平偏波**，**垂直**の場合を**垂直偏波**といいます．この図では水平面を地面としています．実線で示したのが電界の振動方向です．点線で示したのが磁界の振動方向です．

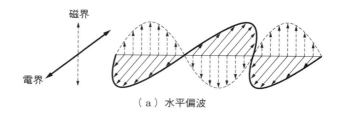

（ a ）水平偏波

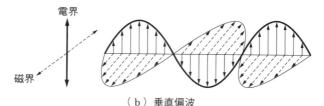

（ b ）垂直偏波

■**図 1.3　水平偏波と垂直偏波**

　偏波面は電波を受信するときに影響します．アンテナの向きを電界の振動方向と一致するように設置すると，電波の受信効率がよくなります．テレビ用のアンテナは地面に水平に設置することが多いですが，その理由は，テレビ放送局で発射されている電波の多くは水平偏波で送信されているからです．

　これに対して，携帯電話の電波は垂直偏波であるため，携帯電話の基地局のアンテナのエレメント（素子）は垂直に設置されています．光の場合にもこのような偏波面を考えますが，光の場合は偏光と呼んでいます．

★★★
超重要 **1.5**　電気磁気で使用する単位

電気磁気で使用する単位をまとめたものを**表 1.3** に示します.

■表 1.3　電気磁気で使用する単位記号

量	単位記号
電界	V/m（ボルト毎メータ）
起電力	V（ボルト）
磁界	A/m（アンペア毎メータ）
磁束	Wb（ウェーバ）
磁束密度	T（テスラ）
電流	A（アンペア）
抵抗	Ω（オーム）
インダクタンス	H（ヘンリー）
静電容量	F（ファラッド）

問題 4 ★★★ → 表 1.3

次の電気に関する単位のうち，誤っているのはどれか.

1　電流〔A〕　　2　静電容量〔F〕

3　抵抗〔Ω〕　　4　インダクタンス〔Wb〕

解説　インダクタンスの単位は〔H〕（ヘンリー）です．なお，〔Wb〕（ウェーバ）は磁束の単位です.

答え▶▶▶ 4

2章 電気回路

この章から **1** 問出題

抵抗に電圧を加えると電流が流れます．抵抗，電圧，電流の関係を理解すると共に，抵抗又はコンデンサを直列接続した場合，並列接続した場合の合成抵抗，合成容量の計算法を学びます．

★★★ 超重要 | 2.1 オームの法則

オームの法則は電圧，電流，抵抗の相互関係を示す法則です．**図 2.1** に示すように，R〔Ω〕（オーム）の抵抗（**図 2.2**）に矢印の方向に I〔A〕（アンペア）の電流が流れていると，図の ＋ － の方向に E〔V〕（ボルト）の電圧が現れます．これを抵抗による**電圧降下**といいます．

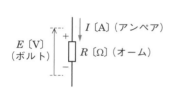

E〔V〕
（ボルト）
I〔A〕（アンペア）
R〔Ω〕（オーム）

■図 2.1　オームの法則

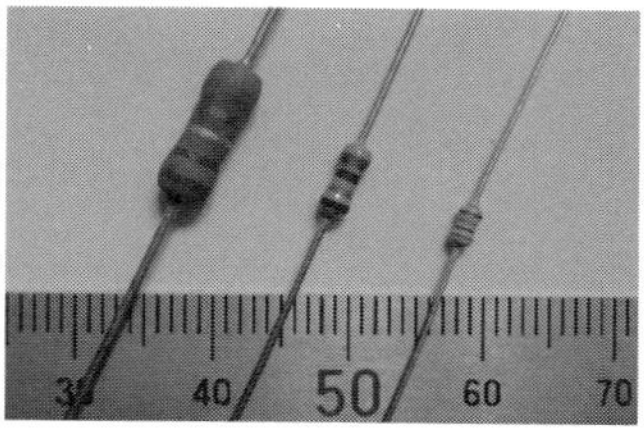

■図 2.2　抵抗器の例

このとき，E，R，I の間に，次の関係が成り立ちます．

$$E = RI \tag{2.1}$$

これを**オームの法則**といい，電気では最も基本的な法則です．

式（2.1）は次のように書き換えることもできます．

$$R = \frac{E}{I} \tag{2.2}$$

$$I = \frac{E}{R} \tag{2.3}$$

★★★ 超重要 | 2.2 直流の電力

抵抗や電球に電流を流すと，抵抗では発熱し，電球では光や熱になります．このとき，抵抗や電球で消費されるエネルギーを**電力**といい，単位は〔W〕（ワット）で表します．ここで，電圧を E，電流を I，電力を P とすると，電力は次式で求めることができます．

$$P = EI \qquad (2.4)$$

式 (2.4) は，オームの法則を使用すれば，次式のように表すこともできます．

$$P = EI = RI \times I = RI^2 \qquad (2.5)$$

$$P = EI = E \times \frac{E}{R} = \frac{E^2}{R} \qquad (2.6)$$

2章

電力の公式 ($P = EI$) とオームの法則 ($E = RI$) だけを覚えておけば，式の変形で式 (2.5) や式 (2.6) を導くことができます．

問題 1 ★★ ➡ 2.2

　図に示す電気回路の電源電圧 E の大きさを 3 倍にすると，抵抗 R によって消費される電力は，何倍になるか．

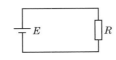

—┤├— : 直流電源　　—▭— : 抵抗

1　3 倍　　2　6 倍　　3　9 倍　　4　12 倍

解説　$P = E^2/R$ より，電圧 E を 3 倍にすると，消費電力 P は

$$P = \frac{(3E)^2}{R} = \frac{9E^2}{R} \ \text{〔W〕}$$

となり，**9 倍**になります．

（別解） 電流 I を求めて $P = EI$ に代入する方法

　電圧 E 〔V〕を加えたときに流れる電流 $I = E/R$ 〔A〕より，$3E$ 〔V〕の電圧を加えたときに流れる電流 I は，$I = 3E/R$ 〔A〕です．消費電力 $P = EI$ の E を $3E$ として，I に $3E/R$ を代入すると

$$P = (3E) \times I = 3E \times \frac{3E}{R} = \frac{9E^2}{R} \ \text{〔W〕}$$

よって，抵抗 R によって消費される電力は，**9 倍**になります．

答え ▶▶▶ 3

問題 2 ★★　　　　　　　　　　　　　　　　　　　**➡ 2.2**

　図に示す電気回路の抵抗 R の値の大きさを3倍にすると，R によって消費される電力は，何倍になるか.

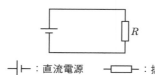

$\dashv\vdash$：直流電源　　$\dashv\square\vdash$：抵抗

1　$\dfrac{1}{9}$ 倍　　2　$\dfrac{1}{3}$ 倍　　3　3倍　　4　9倍

解説　$P = E^2/R$ より，抵抗 R を3倍にすると，消費電力 P は

$$P = \frac{E^2}{3R} \ [\mathrm{W}]$$

となり，**$\dfrac{1}{3}$ 倍**になります.

答え▶▶▶ 2

2.3　抵抗の直列接続・並列接続

▌2.3.1　抵抗の直列接続

　図 2.3 のように抵抗を接続する方法を**直列接続**といいます. その回路の合成抵抗 R_S は，次式で表すことができます.

$$R_\mathrm{S} = R_1 + R_2 \tag{2.7}$$

■図 2.3　抵抗の直列接続

抵抗の直列接続の合成抵抗は
足し算で求めます.

　なお，抵抗が3本以上の直列接続の合成抵抗も各々の抵抗を加えれば求めることができます.

★★★ 超重要 ▌2.3.2　抵抗の並列接続

　図 2.4 のように抵抗を接続する方法を**並列接続**といいます. その回路の合成抵

抗 R_P は，次式で表すことができます．

$$R_P = \cfrac{1}{\cfrac{1}{R_1} + \cfrac{1}{R_2}} = \frac{R_1 R_2}{R_1 + R_2} \tag{2.8}$$

2章

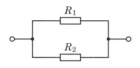

2本の抵抗を並列接続した場合の合成抵抗は，積／和で求めることができます（ただし，2本の並列のみで3本以上は成立しないので注意）．

■ 図 2.4　抵抗の並列接続

関連知識　抵抗を 3 本以上接続した並列回路の合成抵抗

3 本以上の抵抗を並列に接続したときの合成抵抗は

$$\frac{1}{R_P} = \frac{1}{R_1} + \frac{1}{R_2} + \frac{1}{R_3} \cdots$$

となります．

問題 3 ★★★　　　　　　　　　　　　　　　　→ 2.3.2

図に示す回路の端子 ab の合成抵抗の値として，正しいのはどれか．

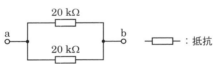

1　5 kΩ　　2　10 kΩ　　3　20 kΩ　　4　40 kΩ

解説　式 (2.8) を使用して，合成抵抗を求めます．

$$R_P = \frac{20 \times 20}{20 + 20} = \frac{400}{40} = \mathbf{10\ kΩ}$$

（**別解**）同じ抵抗 R が 2 本並列に接続されている場合の合成抵抗は R の半分になるので，20 kΩ ÷ 2 = 10 kΩ として求めることもできます．

答え ▶▶▶ 2

出題傾向　数値を変えた問題が出題されています．なお，抵抗の直列接続はほとんど出題されていません．

2.4　コンデンサ

2.4.1　コンデンサとは

2枚の導体板の間に絶縁物を挟んだものを**コンデンサ**（単位は〔F〕（ファラッド））といい，電気を蓄えたり放出したりする電子部品で電子機器には欠かせないものです．理想化したコンデンサを**キャパシタ**（静電容量）と呼びます．

コンデンサには**図 2.5** のようなさまざまな種類があります．

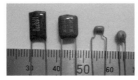  

（a）一般的なコンデンサ　　　（b）電解コンデンサ　　　（c）チップコンデンサ

■**図 2.5　さまざまなコンデンサ**

⭐⭐⭐ 超重要 ▎2.4.2　コンデンサの並列接続の合成静電容量

図 **2.6** のように C_1 と C_2 を接続する方法を**並列接続**といいます．

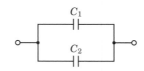

■**図 2.6　コンデンサの並列接続**

このときの合成静電容量 C_P は次式で求めることができます．

$$C_P = C_1 + C_2 \tag{2.9}$$

なお，コンデンサが3本以上の並列接続の合成静電容量も同様にして求めることができます．

コンデンサを並列接続した場合の合成静電容量の計算は抵抗の直列接続の計算法と同じです．

★★ 重要

2.4.3 コンデンサの直列接続の合成静電容量

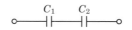

図 2.7 のように C_1 と C_2 を接続する方法を**直列接続**といいます．

図 2.7 コンデンサの直列接続

このときの合成静電容量 C_S は次式で求めることができます．

$$C_S = \frac{1}{\dfrac{1}{C_1} + \dfrac{1}{C_2}} = \frac{C_1 C_2}{C_1 + C_2} \tag{2.10}$$

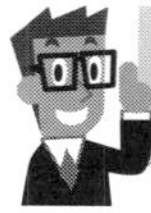

コンデンサを直列接続した場合の合成静電容量の計算は抵抗の並列接続の計算法と同じです．

関連知識　コンデンサを 3 本以上接続した直列回路の合成静電容量

3 本以上のコンデンサを直列に接続したときの合成静電容量は

$$\frac{1}{C_S} = \frac{1}{C_1} + \frac{1}{C_2} + \frac{1}{C_3} \cdots$$

となります．

問題 4 ★★ ➡ 2.4.2

図に示す回路の端子 ab の合成静電容量は，幾らになるか．

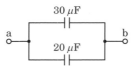

1　10 μF　　2　12 μF　　3　30 μF　　4　50 μF

解説　式 (2.9) を使用して，合成静電容量を求めます．

$C_P = 30 + 20 = \mathbf{50\,\mu F}$

答え ▶▶▶ 4

出題傾向　2 つの静電容量が同じ値の問題も出題されています（その場合の合成静電容量は 2 倍になります）．

問題 5 ★★　　　　　　　　　　　　　　　　　　　→ 2.4.3

図に示す回路の端子 ab の合成静電容量は，幾らになるか.

a　12 μF　12 μF　b　　　├┤├ : コンデンサ

1　3 μF　　2　6 μF　　3　12 μF　　4　24 μF

解説　式（2.10）を使用して合成静電容量を求めます.

$$C_S = \frac{12 \times 12}{12 + 12} = \frac{12 \times 12}{12 \times 2} = 6\,\mu\text{F}$$

（**別解**）同じ静電容量のコンデンサ C を直列接続した場合の合成静電容量は C の半分なので，$12\,\mu\text{F} \div 2 = 6\,\mu\text{F}$ として求めることもできます.

答え▶▶▶ 2

関連知識　コイル

　図 **2.8** に示すように導線を巻いたものをコイル（ぐるぐる巻きという意味）といいます.
　コイルとコンデンサを組み合わせると共振回路ができ，目的の信号を取り出すことができます. ラジオやテレビ，通信機などでは，特定の周波数の信号を取り出すために共振回路が使用されています. なお，三陸特の試験ではコイルは出題されていません.

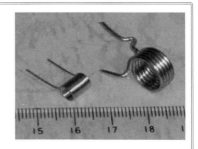

■図 2.8　コイルの例

2.5　電気回路で使用する図記号

　電気回路で使用する図記号には多くの種類がありますが，ここでは，三陸特で出題される図記号を中心にしたものを**表 2.1** に示します.

■表2.1　電気回路で使用する図記号

名　称	記　号	名　称	記　号
抵抗		ダイオード	
コンデンサ		ホトダイオード	
コイル		トランジスタ	
直流電源		FET（接合形）	
交流電源		アンテナ	
スイッチ			

③章　半導体及びトランジスタ

この章から **1** 問出題

電気を良く通す導体と電気を通さない絶縁体の中間の物質が半導体です．半導体は温度が上昇すると電気抵抗が減少します．この章では，トランジスタと電界効果トランジスタ（FET）の動作原理を学びます．

★★ 重要　3.1　半導体の性質

銅やアルミニウムなどのように電気を良く通す物質を**導体**といい，ゴムや陶器のように電気を通さない物質を**絶縁体**といいます．導体と絶縁体の中間の物質が**半導体**です．金属は温度が上昇すると電気抵抗が増加するのに対し，**半導体は温度が上昇すると電気抵抗が減少する**といった性質があります．

半導体で作られているものに，「ダイオード」，「トランジスタ」，「電界効果トランジスタ（FET）」，「集積回路（IC）」などがあります．

> 半導体は，電気を良く通す導体と電気を通さない絶縁体の中間の物質です．
> 半導体は温度が上昇すると，電気抵抗が減少します．

問題 1 ★★　　　　　　　　　　　　　　　　　　　　　　**→ 3.1**

次の記述の　　　　内に入れるべき字句の組合せで，正しいのはどれか．

半導体は，周囲の温度が上昇するとその電気抵抗が　A　し，内部を流れる電流は　B　する．

	A	B
1	増加	減少
2	減少	増加
3	増加	増加
4	減少	減少

解説　半導体は温度が上昇すると電気抵抗が**減少**し，その結果，電流は**増加**します．

> オームの法則より，電流＝電圧 / 抵抗となります．この式で抵抗が小さくなると電流は大きくなります．

答え ▶ ▶ ▶ 2

3.2 N形半導体とP形半導体

シリコンなどの4価（最外殻電子が4個）の物質に不純物として5価のひ素やリンなどを微量加えると電子が過剰となり**N形半導体**になります．N形半導体の電気伝導に寄与しているのは電子です．5価の不純物のことをドナーといいます．

一方，シリコンに不純物として3価のほう素やガリウムなどを微量加えると電子が不足し**P形半導体**になります．P形半導体の電気伝導に寄与しているのは正孔です．3価の不純物のことをアクセプタといいます．

3.3 接合ダイオード

P形半導体とN形半導体を**図3.1**のように接合したものを**接合ダイオード**といいます．

この接合ダイオードに**図3.2**に示す方向に電圧をかけると，電流が流れるようになります．このような電圧の加え方を**順方向接続**といいます．**図3.3**に示す方向に電圧をかけると，電流が流れなくなります．このような電圧の加え方を**逆方向接続**といいます．ダイオードの図記号は**図3.4**で表します．

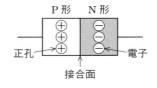

■図3.1　接合ダイオード

接合ダイオードは一方方向にしか電流を流さない素子です．

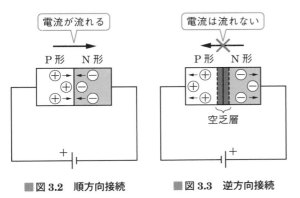

■図3.2　順方向接続　　■図3.3　逆方向接続　　■図3.4　ダイオードの図記号

★★★
超重要

3.4　接合形トランジスタ

図 3.5（a）のように，2つの P 形半導体の間に薄い N 形半導体を挟んだ構造のものを **PNP 形トランジスタ**，図 3.5（b）のように，2つの N 形半導体の間に薄い P 形半導体を挟んだ構造のものを **NPN 形トランジスタ**といいます．この2つをまとめて**接合形トランジスタ**（又は単に**トランジスタ**）といいます．

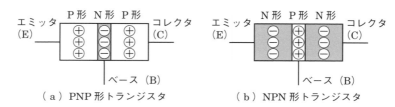

（a）PNP 形トランジスタ　　　（b）NPN 形トランジスタ

■**図 3.5　接合形トランジスタ**

接合形トランジスタの図記号は**図 3.6** のように表します．

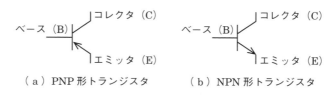

（a）PNP 形トランジスタ　　　（b）NPN 形トランジスタ

■**図 3.6　接合形トランジスタの図記号**

トランジスタには，エミッタ（E），ベース（B），コレクタ（C）の3種類の電極があります．

| 問題 2 ★★★ | ➡図 3.6 |

図に示す NPN 形トランジスタの図記号において，電極 a の名称は，次のうちどれか．

1　エミッタ　　2　ベース　　3　コレクタ　　4　ゲート

解説 図3.6（b）に示すように，aは**コレクタ**です．なお，ゲートは次節で述べる電界効果トランジスタの電極名です．

答え▶▶▶ 3

3.5 電界効果トランジスタ

トランジスタは入力電流を変化させることにより出力電流を大きく変化させる素子ですが，**電界効果トランジスタ**（**FET**：Field Effect Transistor，以下 FET）は入力電圧を変化させることにより出力電流を大きく変化させる素子です．FET は**図 3.7** のように N 形半導体と P 形半導体が接合されている構造で，図3.7（a）のように電流を流す半導体が P 形であれば P チャネル FET，図 3.7（b）のように N 形半導体であれば N チャネル FET です．

図3.7（a）において，ゲート-ソース間電圧 V_{GS} を大きくすると，ダイオードの逆方向接続になりますので，空乏層が広がり，ドレイン-ソース間に流れる電流が少なくなります．V_{GS} を小さくすると，空乏層が少なくなり，ドレイン-ソース間に流れる電流が増えます．

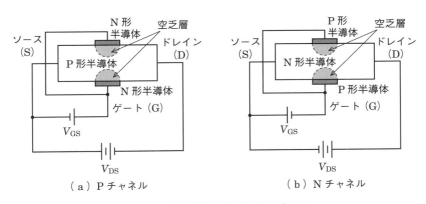

■図3.7 接合形電界効果トランジスタ

接合形電界効果トランジスタの図記号を**図 3.8** に示します.

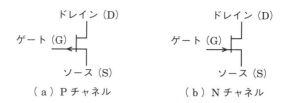

（ a ）P チャネル　　　　　　　　　（ b ）N チャネル

■**図 3.8　接合形電界効果トランジスタの図記号**

接合形トランジスタと電界効果トランジスタの電極の対応を**表 3.1** に示します.

■**表 3.1　接合形トランジスタと電界効果トランジスタの電極の対応**

接合形トランジスタの電極名	電界効果トランジスタの電極名
コレクタ（C）	ドレイン（D）
ベース　　（B）	ゲート　　（G）
エミッタ（E）	ソース　　（S）

★★★ 超重要

それぞれの組合せ（コレクタ-ドレイン，ベース-ゲート，エミッタ-ソース）は覚えておこう.

問題 3 ★★　　　　　　　　　　　　　　　　　　**➡図 3.8**

　図に示す電界効果トランジスタ（FET）の図記号において，電極 a の名称は，次のうちどれか.
　1　ゲート　　2　ソース　　3　ベース　　4　ドレイン

解説　図 3.8（a）に示すように，a は**ドレイン**です．なお，ベースは接合形トランジスタの電極名です．

答え ▶ ▶ ▶ 4

問題 4 ★★★　→表3.1

　電界効果トランジスタ（FET）の電極と一般の接合形トランジスタの電極の組合せで，その働きが対応しているのはどれか．

1　ドレイン　　　ベース
2　ドレイン　　　エミッタ
3　ゲート　　　　ベース
4　ソース　　　　コレクタ

解説　表3.1より，「**ドレイン**」に対応するのは「**コレクタ**」，「**ゲート**」に対応するのは「**ベース**」，「**ソース**」に対応するのは「**エミッタ**」です．

答え▶▶▶ 3

問題 5 ★★★　→表3.1

　電界効果トランジスタ（FET）の電極と一般の接合形トランジスタの電極の組合せで，その働きが対応しているのはどれか．

1　ドレイン　　　ベース
2　ソース　　　　ベース
3　ドレイン　　　エミッタ
4　ソース　　　　エミッタ

解説　表3.1より，「**ドレイン**」に対応するのは「**コレクタ**」，「**ゲート**」に対応するのは「**ベース**」，「**ソース**」に対応するのは「**エミッタ**」です．

答え▶▶▶ 4

出題傾向　問題4や5のように，選択肢を変えた問題が出題されています．表3.1の組合せは覚えておきましょう．

4章 通信方式

この章から **2～3** 問出題

この章では振幅変調（A3E）方式，周波数変調（F3E）方式，デジタル変調方式の原理と特徴について学びます．送信機や受信機を構成している電子回路に関する問題も出題されますが，それらは5章の無線通信装置で扱っています．

★★重要 4.1 変調と復調

　音声のような低周波数の信号波は直接遠くに伝えることはできません．そこで，情報を遠くに伝えるために，周波数の高い搬送波に信号波を乗せて伝送します．これを**変調**といいます．変調された電波を受信しても人間の耳には聞こえませんので，受信した電波から信号波を取り出す必要があります．これを**復調**といいます．変調にはアナログ変調とデジタル変調があり，復調にもアナログ復調とデジタル復調があります．

　アナログの振幅変調を AM（Amplitude Modulation），周波数変調を FM（Frequency Modulation）といいます．なお，ラジオ放送の AM や FM は，ここでいう AM と FM のことで，変調方式の違いを示しています．

変調波から信号波を取り出すことを「復調」といいます．振幅変調の復調を「検波」，周波数変調の復調を「周波数弁別」といいます．

4.2 振幅変調と周波数変調

4.2.1 振幅変調

　振幅変調（AM）は，信号波によって搬送波の**振幅を変化させる変調方式**で，中波ラジオ放送や航空管制通信などに使用されています．周波数 f_c〔Hz〕の搬送波を，周波数 f_s〔Hz〕の単一正弦波（歪みのない正弦波のこと）の信号波で振幅変調すると，上側波と呼ばれる $(f_c + f_s)$〔Hz〕，下側波と呼ばれる $(f_c - f_s)$〔Hz〕，と搬送波 f_c〔Hz〕の3つの周波数成分が発生します．**図 4.1** のように，横軸に周波数〔Hz〕，縦軸に振幅〔V〕で描いた図を周波数分布図といいます．信号波の最高周波数 f_s〔Hz〕の2倍の $2f_s$〔Hz〕を**占有周波数帯幅**といいます．

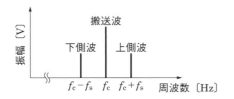

振幅変調波は，搬送波，上側波，下側波の3つから構成されています．

■**図 4.1　単一正弦波で変調した振幅変調波の周波数分布**

　単一正弦波の代わりに音声で振幅変調すると，周波数分布図は**図 4.2** に示すようになります．

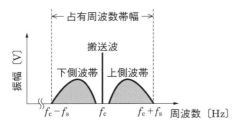

信号波の最高周波数 f_s〔Hz〕の2倍の $2f_s$〔Hz〕を占有周波数帯幅といいます．

■**図 4.2　音声信号で変調した振幅変調波の周波数分布**

　このように側波が2つある振幅変調波を **DSB**（Double Side Band）といいます．電波法施行規則に規定する電波型式の表示では「**A3E**」になります．

★★重要 4.2.2　振幅変調波形

　周波数 f_c〔Hz〕の搬送波を，周波数 f_s〔Hz〕の単一正弦波の信号波で振幅変調した波形をオシロスコープで観測すると，**図 4.3** のようになります．

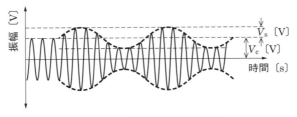

■**図 4.3　振幅変調波形の例**

抑圧搬送波単側波帯振幅変調

図 4.2 でわかるように，両側波振幅変調方式は，上側波と下側波に同じ情報があり，周波数の有効利用の観点からすると経済的ではありません．そこで，**図 4.4** のように，下側波と搬送波を取り除いて情報を伝送できるようにしたものが抑圧搬送波単側波帯振幅変調で，SSB（Single Side Band）と呼ばれます．電波型式は「J3E」と表示します．

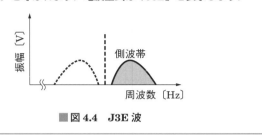

■ **図 4.4　J3E 波**

★★★ 超重要 ▶ **4.2.3　周波数変調**

　周波数変調（FM）とは，**図 4.5** に示すように，音声などの信号波によって**搬送波の周波数を変化**させる変調方式です．

　FM 波の発生方法には，直接 FM 方式と間接 FM 方式があります．

　直接 FM 方式は，信号波で自励発振器の発振周波数を直接変化させる方式のため，水晶発振器を使用した間接 FM 方式と比べると周波数の安定度が劣ります．

　間接 FM 方式は，水晶発振器を使用した回路構成のため，発射する電波の周波数の安定度が良くなります．

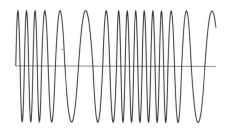

■ **図 4.5　周波数変調波**

 周波数変調波は信号波の振幅の変化を搬送波の周波数の変化に変換します．

 すべての発振器の発振周波数は，不変ではなく変動しています．この変動の度合いを表しているのが周波数安定度です．

★★重要 | 4.2.4 AM 通信方式と FM 通信方式の違い

AM（A3E）通信方式と FM（F3E）通信方式の違いをまとめると**表 4.1** のようになります.

なお，AM 送受信機の回路構成は FM 送受信機の回路構成と比べると簡単になります.

■表 4.1 AM（A3E）通信方式と FM（F3E）通信方式の違い

	AM（A3E）	FM（F3E）
占有周波数帯幅	狭い	広い
雑音の影響	受けやすい	受けにくい
音質	劣る	優れている
同じ周波数に複数の電波がある場合	混信を起こす	電界強度の強い電波が優勢になる

それぞれの特徴を覚えておきましょう．なお，ラジオの FM 放送で音楽番組が多いのは，FM は混信や雑音に強く音質が良いからです．

問題 1 ★★　　　　　　　　　　　　　　　　　　　➡4.2.2

DSB（A3E）送信機において，音声信号で変調された搬送波は，どのようになっているか.

1　断続している.

2　振幅が変化している.

3　周波数が変化している.

4　振幅，周波数ともに変化しない.

解説 DSB 送信機において，音声信号で変調された搬送波は，図 4.3 のように，**振幅が変化**します.

答え▶▶▶ 2

問題 2 ★★　　　　　　　　　　　　　　　　　→4.2.3

FM 送信機において，音声信号で変調された搬送波はどのようになっているか．
1　断続している．
2　振幅が変化している．
3　周波数が変化している．
4　振幅，周波数ともに変化しない．

解説　FM 送信機において，音声信号で変調された搬送波は，図 4.5 のように，**周波数が変化**します．

答え▶▶▶ 3

問題 3 ★★　　　　　　　　　　　　　　　　　→4.2.4

AM（A3E）通信方式と比べたときの FM（F3E）通信方式の一般的な特徴で，正しいのはどれか．
1　占有周波数帯幅が広い．
2　搬送波を抑圧している．
3　雑音の影響を受けやすい．
4　装置の回路構成が簡単である．

解説　2　搬送波の抑圧とは図 4.4 に示すように搬送波を取り去って上側波のみを伝送する方式（J3E）で，AM 通信の特徴です．
3　AM（A3E）通信方式はモータの起動時など振幅の影響を受けやすい方式です．
4　FM（F3E）受信機（図 5.5）と AM（A3E）の受信機（図 5.4）を比較すると，AM（A3E）通信方式の方が回路構成が簡単といえます．

答え▶▶▶ 1

問題 4 ★★　　　　　　　　　　　　　　　　　→4.2.4

振幅変調波（A3E）波と比べたときの周波数変調（F3E）波の占有周波数帯幅の一般的な特徴は，次のうちのどれか．
1　同じ　　2　広い　　3　狭い　　4　半分

解説　周波数変調波の占有周波数帯幅は振幅変調波より**広い**です．

答え▶▶▶ 2

4.3 **デジタル変調**

　航空管制通信は AM（A3E），船舶の国際 VHF の無線電話は FM（F3E）でアナログ通信方式ですが，それ以外のものは，デジタル通信方式に置き換わってきています．

　アナログ通信方式と比べたときのデジタル通信方式の特徴は次の通りです．

（1）雑音の影響を受けにくい．

（2）秘話性を高くすることができる．

（3）受信側で誤り訂正を行うことができる．

（4）ネットワークやコンピュータとの親和性がよい．

（5）多重化が容易である．

（6）信号処理による遅延が生じる．

（7）信号が閾値より低いと急激に通信品質が悪くなる．

　デジタル変調には，**図4.6** に示すように信号波（ベースバンド信号波）に応じて搬送波の振幅を変化させる **ASK**（Amplitude Shift Keying），周波数を変化させる **FSK**（Frequency Shift Keying），位相を変化させる **PSK**（Phase Shift Keying）があります（図 4.6 は，いずれもの 2 値の ASK，FSK，PSK を示す）．

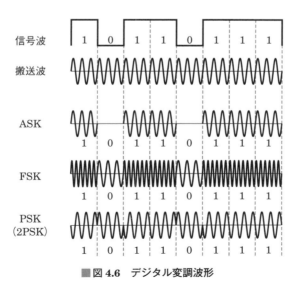

■図 4.6　デジタル変調波形

ASK は 2 進の「1」では電波が出ている状態，2 進の「0」では電波が出ていない状態を示しています．

　FSK は 2 進の「1」では高い周波数の搬送波，2 進の「0」では低い周波数の搬送波を送出していることを示しています．図 4.6 は 2 値の FSK ですが，周波数を 4 種類使用した 4 値の FSK は 2 ビットの情報を伝送できます．デジタル簡易無線機などに 4 値 FSK が使用されています．

　PSK は，2 進の「1」と「0」では位相が 180° 相違する搬送波を使用していることを示しています．PSK には，1 ビットの情報が伝送できる 2PSK（BPSK），2 ビットの情報が伝送できる 4PSK（QPSK），3 ビットの情報が伝送できる 8PSK などがあります．

　その他，デジタル変調に，振幅と位相を同時に変化させる直交振幅変調（QAM：Quadrature Amplitude Modulation）があります．QAM は，地上デジタルテレビジョンや携帯電話などに使われています．16QAM は 1 回の変調で 4 ビットの情報，64QAM は 1 回の変調で 6 ビットの情報を伝送できます．

関連知識　ビットと情報量の関係

　情報量を表す単位の「ビット」は 2 進数の 1 桁に相当します．また，n 桁の 2 進数の情報量（2^n で表した情報量）を n ビットといいます．

　2PSK，4PSK，8PSK，16QAM，64QAM の冒頭の数字はそれぞれが伝送できる情報量を表しており，2PSK の 2 は 2^1 なので 1 ビット，4PSK の 4 は 2^2 なので 2 ビットとなります．同様に，16 は 2^4 なので 16QAM は 4 ビット，64 は 2^6 なので 64QAM は 6 ビットとなります．

問題 5　★★★　　　　　　　　　　　　　　　→4.3

　次の記述は，アナログ通信方式と比べたときのデジタル通信方式の一般的な特徴について述べたものである．誤っているものを下の番号から選べ．

1　雑音の影響を受けにくい．

2　ネットワークやコンピュータとの親和性がよい．

3　信号処理による遅延がない．

4　受信側で誤り訂正を行うことができる．

解説　3「信号処理による**遅延がない**」ではなく，正しくは「信号処理による**遅延が生じる**」です．

答え▶▶▶ 3

問題 6 ★★★ →4.3

　次の記述は，デジタル変調について述べたものである．□□□内に入れるべき字句は次のうちどれか．

　FSK は，ベースバンド信号に応じて搬送波の周波数を切り替える方式である．また，4値 FSK は，1回の変調（シンボル）で□□□ビットの情報を伝送できる．

　　1　4　　2　3　　3　2　　4　1

解説 ▶ 4値 FSK の4は伝送できる情報量を表しています．2^n で表した情報量を n ビットといいますので，情報量 $4 = 2^2$ より，**2ビット**の情報を伝送できることになります．

答え▶▶▶ 3

4章

問題 7 ★★ →4.3

　次の記述は，デジタル変調について述べたものである．□□□内に入れるべき字句を下の番号から選べ．

　入力信号の「0」又は「1」によって，搬送波の位相のみを変化させる方式を，□□□という．

　　1　ASK　　2　FSK　　3　QAM　　4　PSK

解説 ▶ 位相のみを変化させるのは，**PSK**（Phase Shift Keying）です．

答え▶▶▶ 4

出題傾向 位相以外にも「搬送波の○○を変化させる方式は？」といった問題が出題される可能性がありますので，変調で出てくる，振幅（Amplitude），周波数（Frequency），位相（Phase）の3つのキーワードの頭文字は覚えておきましょう．

この章では AM・FM 無線通信装置及びデジタル無線通信装置の動作原理とその操作方法の基本を学びます．試験で出題されるのは，ほとんどが FM（F3E）方式及びデジタル方式の送受信機に関する問題です．

5.1 AM（A3E）送信機

　AM（A3E）送信機は，音声などの信号波で搬送波の振幅を変調した信号を送信する機器です．送信機には「周波数の安定度が高いこと」「占有周波数帯幅が規定値内であること」「不要輻射が少ないこと」が要求されます．

　AM（A3E）送信機は，**図 5.1** に示すように「水晶発振器」「緩衝増幅器」「周波数逓倍器」「電力増幅器」「変調器」などから構成されます．各回路の動作を簡単に説明します．

　水晶発振器：搬送波のもとになる信号を発生させる回路です．送信周波数の整数分の 1 の安定した周波数を発生させます．

　緩衝増幅器：水晶発振器が周波数逓倍器や電力増幅器などの影響を受けないようにして，発振周波数の安定をはかります．

　周波数逓倍器：発射する電波の周波数が目的の周波数になるよう整数倍にします．なお，周波数逓倍器は数段必要になることもあります．

「逓倍」とは周波数を高くすることを意味し，周波数を 2 倍にすることを 2 逓倍，3 倍にすることを 3 逓倍のようにいいます．

　電力増幅器：所定の高周波電力が得られるように増幅します．

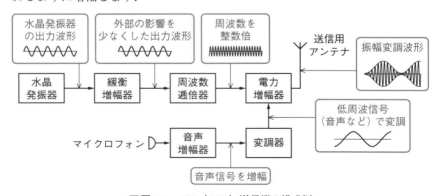

■図 5.1　AM（A3E）送信機の構成例

変調器：情報を搬送波に乗せる振幅変調を行います.

 AM（A3E）送信機は「水晶発振器」「緩衝増幅器」「周波数逓倍器」「電力増幅器」「変調器」などから構成されています.

5.2　FM（F3E）送信機

★★重要

FM（F3E）送信機は，音声などの信号波で搬送波の周波数を変化させる機器です.FM（F3E）送信機の構成例をブロック図で示したものを**図5.2**に示します.

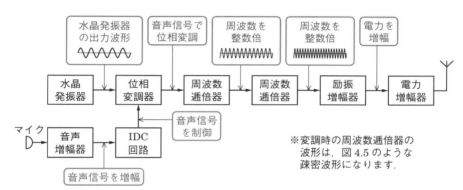

■**図5.2　FM（F3E）送信機の構成例**

各回路の動作を簡単に説明します.

水晶発振器：搬送波のもとになる信号を発生させる回路（発振回路）です.水晶発振器は容易に周波数安定度の良好な周波数を発生させることができます.

位相変調器：音声信号で位相変調を行います.

周波数逓倍器：水晶発振回路で発生した周波数を送信周波数になるまで周波数を高くすると共に所定の周波数偏移が得られるようにする役目があります.

励振増幅器：電力増幅器を動作させるのに十分な電力まで増幅する回路です.

電力増幅器：所定の送信電力が得られるように増幅する回路です.

音声増幅器：マイクロフォンからの音声信号を増幅する回路です.

IDC（Instantaneous Deviation Control）回路：大きな音声信号が加わっても最大周波数偏移が所定の値からはみ出さないように制御する回路です.

図5.2の回路は間接FM（F3E）方式の送信機ですが，**図5.3**のような周波数

シンセサイザを使用した直接 FM
方式の送信機もあります.

FM（F3E）送信機に使用されている
特徴的な回路は「位相変調器」「周波
数逓倍器」「IDC 回路」です.

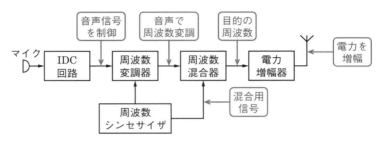

■図 5.3　周波数シンセサイザを使用した直接 FM（F3E）送信機の構成例

問題 1　★★　　　　　　　　　　　　　　　　　　　　　　　→ 5.2

搬送波を発生する回路は，次のうちどれか.
1　増幅回路　　2　発振回路　　3　変調回路　　4　検波回路

解説　搬送波を発生する回路を**発振回路**といい，通常，水晶振動子を使用した水晶発
振器が用いられています.　　　　　　　　　　　　　　　　　　　答え ▶▶▶ **2**

問題 2　★★★　　　　　　　　　　　　　　　　　　　　　　　→ 5.2

FM（F3E）送信機において，IDC 回路を設ける目的は何か.
1　寄生振動の発生を防止する.
2　高調波の発生を除去する.
3　発振周波数を安定にする.
4　周波数偏移を制御する.

解説　IDC 回路は大きな音声信号が加わっても**周波数偏移が所定の値からはみ出さ
ないようによう制御**する回路です.　　　　　　　　　　　　　　答え ▶▶▶ **4**

問題 3　★★★　　　　　　　　　　　　　　　　　　　　　　　→ 5.2

　図は，直接 FM（F3E）送信装置の構成例を示したものである. ☐☐内に入
れるべき名称の組合せで，正しいのは次のうちどれか.

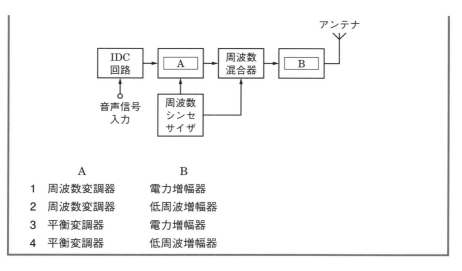

	A	B
1	周波数変調器	電力増幅器
2	周波数変調器	低周波増幅器
3	平衡変調器	電力増幅器
4	平衡変調器	低周波増幅器

5章

解説 　周波数変調器において，周波数シンセサイザの高周波信号を音声信号で周波数変調を行います．もう一方のシンセサイザの高周波信号は周波数混合器に入力し周波数を高くします（図5.2の周波数逓倍器の働きをします）．平衡変調器はSSB送信機に用いる回路なので，FM送信機には必要ありません．

答え▶▶▶ 1

問題 4 ★ ➡5.2

間接FM（F3E）送信機において，変調波を得るには，図の□□□内に何を設ければよいか．

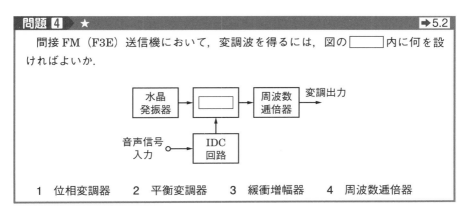

1 位相変調器	2 平衡変調器	3 緩衝増幅器	4 周波数逓倍器

答え▶▶▶ 1

問題 5 ★　　　　　　　　　　　　　　　　　　　　　　　　　→5.2

FM（F3E）送信機において，周波数偏移を大きくするには，どうすればよいか.

1　送信機の出力を大きくする.

2　緩衝増幅器の増幅度を小さくする.

3　周波数逓倍器の逓倍数を大きくする.

4　変調器と次段との結合を疎にする.

解説　周波数逓倍器は，水晶発振器で発生した周波数を送信周波数になるまで周波数を高くする働きに加え，所定の周波数偏移が得られるようにする回路です．**逓倍数を大きくすると，大きな周波数偏移を得る**ことができます.

答え▶▶▶ 3

★★★ 超重要　5.3　AM（A3E）受信機

受信機はアンテナから入力された微弱な信号を増幅し復調する機器です．受信機の性能は，「感度」，「選択度」，「忠実度」，「安定度」，「内部雑音」，「不要輻射」などで表すことができます．それぞれの意味することは次のとおりです.

感度とは，**電波の受信能力**を表し，どの程度の入力電圧を与えれば所定の出力が得られるかを示します.

選択度とは，目的とする周波数の電波を希望しない**他の電波の中から選択して受信できる能力**を示します.

忠実度とは，**送信された信号をどの程度まで忠実に再現できるか**を示します.

安定度とは，**受信電波をどの位の時間安定して受信できるか**を表すもので，主に局部発振器の周波数安定度に依存します.

内部雑音とは，**受信機の内部で発生する雑音**をいいます.

不要輻射とは，局部発振器などの**受信機内部で発生する信号が外部に漏れること**をいいます.

受信機に必要な特性は，「感度が良いこと」「選択度が良いこと」「忠実度が良いいこと」「安定度が高いこと」です．これを実現したのが**スーパヘテロダイン方式**の受信機で，多くの受信機に採用されています．スーパヘテロダイン方式は，感度や選択度などが良いといった長所がありますが，影像周波数（イメージ周波数）妨害を受けることや周波数変換雑音が多いといった短所もあります.

図 5.4 に AM（A3E）用スーパヘテロダイン受信機の構成を示します．

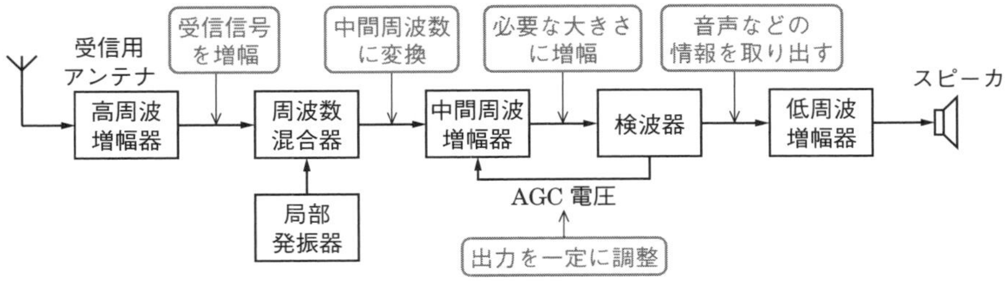

図 5.4　AM（A3E）用スーパヘテロダイン受信機の構成

各部の働きは次のとおりです．

高周波増幅器：アンテナで捉えた微弱な信号を増幅する回路です．この回路の良し悪しが受信感度を左右します．

周波数混合器：受信信号と局部発振器の周波数を混合して周波数が一定の中間周波数に変換します．

局部発振器：中間周波数を発生させるために使用する発振器です．高い周波数安定度が要求されるため，PLL 回路が使われることが多くなっています．

中間周波増幅器：必要な大きさの電圧まで増幅すると同時に選択度を向上する役目があります．中間周波増幅器に適切な選択度を有する帯域フィルタ（BPF）を用いると，近接周波数による混信を軽減することができます．

検波器：振幅変調された電波から音声などの情報を取り出します．

低周波増幅器：スピーカを駆動できるまで音声周波数を増幅します．

AGC（Automatic Gain Control）：受信電波の強さが変動しても受信出力が一定になるようにする回路です．検波電圧の一部を中間周波増幅器に戻すことにより増幅度の調節を自動で行います．

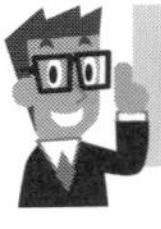

受信機の性能は「感度」,「選択度」,「忠実度」,「安定度」,「内部雑音」,「不要輻射」などで表します．

問題 ⑥ ★★　　　　　　　　　　　　　　　　　　　　　→5.3

次の記述は，受信機の性能のうち何について述べたものか．

送信された信号を受信し，受信機の出力側で元の信号がどれだけ忠実に再現できるかという能力を表す．

1　忠実度　　2　安定度　　3　選択度　　4　感度

答え▶▶▶ 1

問題 ⑦ ★★★　　　　　　　　　　　　　　　　　　　→5.3

スーパヘテロダイン受信機の周波数変換部の働きは，次のうちどれか．

1　中間周波数を音声周波数に変える．

2　音声周波数を中間周波数に変える．

3　受信周波数を音声周波数に変える．

4　受信周波数を中間周波数に変える．

解説　周波数変換部は，図5.3の周波数混合器のことで，**受信した周波数を一定の中間周波数に変換**します．

答え▶▶▶ 4

問題 ⑧ ★★　　　　　　　　　　　　　　　　　　　　→5.3

スーパヘテロダイン受信機において，近接周波数による混信を軽減するには，どのようにするのが最も効果的か．

1　AGC 回路を断（OFF）にする．

2　中間周波増幅器に適切な特性の帯域フィルタ（BPF）を用いる．

3　高周波増幅器の利得を下げる．

4　局部発振器に水晶発振器を用いる．

解説　1　×　AGC 回路を OFF にすると，受信信号の強度が一定でなくなり，聞きづらくなります．

2　○　中間周波増幅器に適切な選択度を有する帯域フィルタ（BPF）を用いると，近接周波数による混信を軽減することができます．

3　×　高周波増幅器の利得を下げると，受信信号が弱くなります．

4　×　局部発振器に水晶発振器を用いると，1つの信号しか受信できなくなります．

答え▶▶▶ 2

5.4 FM（F3E）受信機

★★★
超重要

FM（F3E）受信機の構成例をブロック図で示したものを**図5.5**に示します．

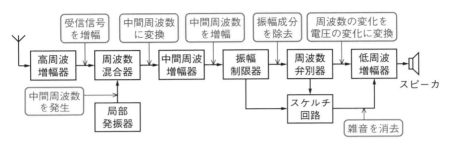

■図5.5　FM（F3E）受信機の構成例

5章

FM（F3E）受信機の各部の動作を簡単に説明すると次のようになります．

高周波増幅器：アンテナで受信した信号について同調回路（共振回路）で目的の周波数を選択し，増幅します．

局部発振器：中間周波数を発生させるために使用する発振器です．高い周波数安定度が要求されるため，PLL回路が使われることが多くなっています．

周波数混合器：受信する電波の周波数と局部発振器の周波数を混合して，周波数が一定の中間周波数に変換する回路です．

中間周波増幅器：一定の中間周波数になった信号を増幅する回路です．この回路で選択度を高めることができます．

振幅制限器：受信電波の中に含まれる振幅成分を除去する回路です．

周波数弁別器：復調器で，AM（A3E）受信機の検波器に相当する回路です．周波数の変化を電圧の変化にする回路です．

スケルチ回路：受信するFM（F3E）電波の信号が弱い場合，低周波増幅器から出力される大きな雑音を消すための回路です．なお，スケルチは「黙らせる」という意味です．

低周波増幅器：スピーカを動作させるのに十分な電圧まで増幅する回路です．

FM（F3E）受信機で使用される特徴的な回路は，「振幅制限器」，「周波数弁別器」，「スケルチ回路」です．これらの回路の特徴を覚えましょう．

問題 9 ★ →5.4

　図は，FM 受信機の構成の一部を示したものである．空欄の部分の名称の組合せで正しいのはどれか．

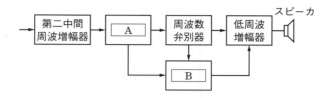

	A	B
1	周波数変換器	スケルチ回路
2	周波数変換器	AGC 回路
3	振幅制限器	スケルチ回路
4	振幅制限器	AGC 回路

答え▶▶▶ 3

問題 10 ★★ →5.4

　FM（F3E）受信機のスケルチ回路について，説明しているのはどれか．

1　受信電波の周波数変化を振幅の変化に変換し，信号を取り出す回路
2　受信電波の振幅を一定にして，振幅変調成分を取り除く回路
3　受信電波が無いときに出る大きな雑音を消すための回路
4　受信電波の近接周波数による混信を除去する回路

解説 1は周波数弁別器，2は振幅制限器，4は帯域フィルタ回路の説明です．

答え▶▶▶ 3

問題 11 ★★ →5.4

　FM 受信機における周波数弁別器を説明しているのはどれか．

1　受信電波の周波数の変化を振幅の変化に変換して，信号を取り出す．
2　受信電波の振幅を一定にして，振幅変調成分を取り除く．
3　近接周波数による混信を除去する．
4　受信電波が無くなったときに生ずる大きな雑音を消す．

解説 2は振幅制限器，3は帯域フィルタ回路，4はスケルチ回路についての説明です．

答え▶▶▶ 1

5.5 デジタル無線送受信装置

デジタル無線送受信装置の概略を**図5.6**に示します．

■**図5.6 デジタル無線送受信装置の構成例**

マイクに入力された音声などのアナログ信号は低周波増幅器（図では省略）で増幅され，A/D変換器に入ります．

A/D変換器は，標本化回路，量子化回路，符号化回路で構成されています．標本化から符号化までの様子を**図5.7**に示します．

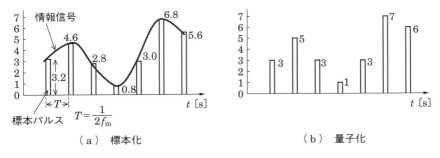

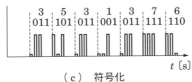

■**図5.7 標本化，量子化，符号化**

標本化回路：図5.7（a）に示すように，アナログ信号を一定の時間間隔で取り出す回路です．

量子化回路：標本値の離散化を行うのが量子化回路です．図5.7（b）は標本値を8通り（3ビット）で量子化を行った例です．量子化は近似を行いますので誤差を生じます．この誤差のことを量子化雑音といいます．

符号化回路：図5.7（c）で示すように，量子化された値を「0」「1」のパルスの組み合わせにする回路です．

送信機：デジタル変調を行い，電波として送出する装置です．

受信部は信号を復調する受信機，D/A変換器，低域フィルタから構成されています．

D/A変換器：パルス信号をアナログ値に変換するのがD/A変換器です．復号された信号は階段状の信号なので，低域フィルタを通すことで元のアナログ信号を得ることができます．

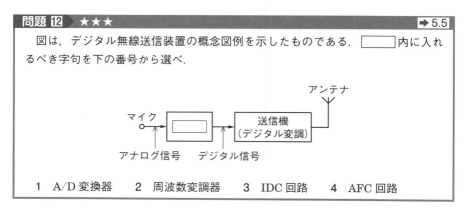

問題 12 ★★★　　　　　　　　　　　　　　　　　　　　　➡5.5

図は，デジタル無線送信装置の概念図例を示したものである．□□□□内に入れるべき字句を下の番号から選べ．

1　A/D変換器　　2　周波数変調器　　3　IDC回路　　4　AFC回路

解説　アナログ信号をデジタル信号に変換していますので，**A/D変換器**です．なお，Aはアナログ（Analog），Dはデジタル（Digital）の頭文字です．

答え▶▶▶ 1

★★
重要　**5.6**　**多元接続**

多数の人が同時に電波を利用して通信を行うには，それに対応した多くの周波数（チャネル）が必要になりますが，周波数には限りがあります．そこで，一つの周波数を使用して複数の信号を送る多重化を行います．多重化には，周波数分

割多重（FDM：Frequency Division Multiplexing），時分割多重（TDM：Time Division Multiplexing），符号分割多重（CDM：Code Division Multiplexing），直交周波数分割多重（OFDM：Orthogonal Frequency Division Multiplexing）などがあります．多重化された複数のチャネルを個々のユーザに割り当てるのが多元接続です．多元接続には，FDMA（周波数分割多元接続），TDMA（時分割多元接続），CDMA（符号分割多元接続），OFDMA（直交周波数分割多元接続）があります．

5.6.1 FDMA（周波数分割多元接続）

図 **5.8** に示すように，周波数帯を分割して，周波数をユーザに割り当てる方式を **FDMA**（Frequency Division Multiple Access）といいます．受信側で各信号を分離するために，各周波数にはガードバンドが設けられています．

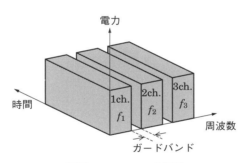

■図 **5.8** FDMA の原理

5.6.2 TDMA（時分割多元接続）

図 **5.9** に示すように，時間をユーザごとに分割して多くのチャネルを作り，ユーザに割り当てる方式を **TDMA**（Time Division Multiple Access）といいます．各チャネル間にガードタイムが設けられています．PCM マイクロ回線などに使用されており，第 2 世代の携帯電話にも使われていました．

5.6.3 CDMA（符号分割多元接続）

図 **5.10** に示すように，多くの符号（PN 符号という）を用意し，ユーザに割り当てる方式を **CDMA**（Code Division Multiple Access）といいます．デジタ

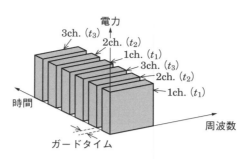

■図 5.9　TDMA の原理

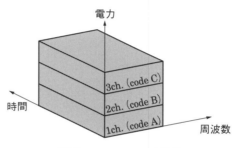

■図 5.10　CDMA の原理

ル化された送信信号と符号を乗算して送信します．受信する場合は，受信信号に符号を乗算すれば元の送信信号を復元することができます．符号が他人に知られていない限り送信信号は復元できません．第 3 世代の携帯電話や GPS などに使われています．

関連知識　**OFDMA**

OFDMA（Orthogonal Frequency Division Multiple Access）は携帯電話の 4G や 5G で使われている方式で，周波数と時間の両方を区切ったリソースブロックをユーザに割り当てます．

問題 13 ★★　　　　　　　　　　　　　　　　　　　　　　　➡5.6

　次の記述は，多元接続方式について述べたものである．□□□内に入れるべき字句を下の番号から選べ．

　FDMA は，個々のユーザに使用チャネルとして□□□を個別に割り当てる方式であり，チャネルとチャネルの間にガードバンドを設けている．

　1　極めて短い時間　　2　周波数　　3　拡散符号　　4　変調方式

解説▶ FDMA は周波数帯を分割して，**周波数**をユーザに割り当てる方式です．なお，FDMA の頭文字 F は周波数（Frequency）の略語です．

答え▶▶▶ 2

問題 14 ▶ ★★　　　　　　　　　　　　　　　　　　　　　**➡ 5.6**

　次の記述は，多元接続方式について述べたものである．　　内に入れるべき字句を下の番号から選べ．

　TDMA は，一つの周波数を共有し，個々のユーザに使用チャネルとして　　を個別に割り当てる方式であり，チャネルとチャネルの間にガードタイムを設けている．

1　周波数　　　2　拡散符号　　　3　変調方式
4　極めて短い時間（タイムスロット）

解説▶ TDMA は，**極めて短い時間（タイムスロット）**をユーザごとに分割して多くのチャネルを作り，ユーザに割り当てる方式です．なお，TDMA の頭文字 T は時間（Time）の略語です．

答え▶▶▶ 4

5.7　送受信機の操作

5.7.1　無線通信装置の点検

　無線通信装置を使用する前に，電源，アンテナ，給電線，マイクロホン，スピーカなどが所定のケーブルで確実に接続されているかどうか点検する必要があります．

　次に点検時の留意事項を列挙します．

(1) 電　源

　電圧が規定値であり，電流容量も十分あること，また，極性を間違えて接続されていないかを確認します．蓄電池を使用する機器は，蓄電池が十分充電されているかも確認します．

(2) アンテナ及び給電線

　屋外に設置され，劣化が激しいのでこまめに点検します．コネクタ類もサビが出ていないか，腐食されていないかを点検します．給電線のインピーダンスは所定のものを使用します．

（3）マイクロホン及びスピーカ

無線通信装置に確実に接続されているかを確認します．

★★★ 超重要 ▎**5.7.2　無線通信装置の操作**

送信機と受信機が一体になった無線通信装置をトランシーバといいます．蓄電池で動作するハンディ式トランシーバに限らず，据え置き型のトランシーバなど小型無線通信装置のほとんどは，送信機と受信機が一体構造になっています（図**5.11**）．送話·（送信）するときは，マイクロホンの横に付属している「**プレストークボタン**」を押します．このとき電波が発射され，**ボタンを押している間は受信できません**．ボタンを離すと受信状態に戻ります．

プレストークボタン ───

■**図 5.11　車載型無線通信装置**
（写真提供：八重洲無線株式会社）

FM 送受信機の受信操作において，無信号時の雑音を消去するために行うスケルチ調整は重要です．スケルチ調整つまみは，**雑音が消える限界付近の位置に設定**することで信号の弱い局も容易に受信することができます．

関連知識　制御器
> 　自動車に無線機を搭載する場合，以前の無線通信装置は大きく，運転席に搭載することが困難でした．そこで，本体をトランク等に置き，制御器（操作パネル，マイクロホン，スピーカ）のみを手元に置き，電源の ON・OFF，周波数の選択，音量の調整などの電波の送受信の一連の動作を手元に操作できるようにしました．
> 　しかし，最近では，図5.11 のような車のダッシュボード等に収容できる小型の無線通信装置が普及しており，制御器を使うことは少なくなっています．マイクロホン本体でも各種の操作が可能になっているものもあります．

問題 15 ★★★ → 5.7.2

FM（F3E）送受信機において，電波が発射されるのは，次のうちのどれか．
1 電源スイッチを接（ON）にしたとき．
2 スケルチを動作させたとき．
3 プレストークボタンを押したとき．
4 プレストークボタンを離したとき．

解説 プレストークボタンを押すと電波が放射され，離すと受信機が動作します．

答え▶▶▶ 3

問題 16 ★★ → 5.7.2

単信方式の FM（F3E）送受信機において，プレストークボタンを押して送信しているときの状態の説明で，正しいのはどれか．
1 電波は発射されず，受信音も聞こえない．
2 電波は発射されているが，受信音は聞こえない．
3 電波は発射されており，受信音も聞こえる．
4 電波は発射されていないが，受信音は聞こえる．

解説 ボタンを押している間は**電波を発射**していますが，この間は受信できないため，**受信音は聞こえません**．

答え▶▶▶ 2

問題 17 ★★★ → 5.7.2

次の記述は，単信方式の FM（F3E）送受信機において，プレストークボタンを押して送信しているときの状態について述べたものである．正しいのはどれか．
1 スピーカから雑音が出ているが，受信音は聞こえない．
2 スピーカから雑音が出ており，受信音も聞こえる．
3 スピーカから雑音が出ていないが，受信音は聞こえる．
4 スピーカから雑音が出ず，受信音も聞こえない．

解説 プレストークボタンを押している間は電波を発射するため，受信はできません．そのため，**スピーカからは雑音が出ず，受信音は聞こえません**．

答え▶▶▶ 4

5
章

問題 18 ★　　　　　　　　　　　　　　　　　　　　　→ 5.7.2

FM 送受信機の送受信操作で，誤っているものはどれか．

1　音量調整つまみは，最も聞きやすい音量に調整する．

2　送信の際，マイクロホンと口の距離は，5 〜 10 cm ぐらいが適当である．

3　他局が通話中のとき，プレストークボタンを押し，送信割り込みをしても良い．

4　制御器を使用する場合，切換スイッチは，「遠操」にしておく．

解説　他局が通話中のとき，プレストークボタンを押して送信割り込みをすると，混信を発生させ，迷惑になります．

答え▶▶▶ 3

問題 19 ★　　　　　　　　　　　　　　　　　　　　　→ 5.7.2

FM 送受信機の受信操作で，正しいものはどれか．

1　スケルチ調整つまみは，雑音が消える限界付近の位置にする．

2　スケルチ調整つまみは，右に回して雑音が消えている範囲の適当な位置にする．

3　スケルチ調整つまみは，雑音を消すためのもので，右いっぱいにしておく．

4　受信中に相手の電波が弱くなった場合でも，スケルチ調整つまみは，操作する必要はない．

解説　スケルチ調整つまみは，**雑音が消える限界付近の位置で使用**しないと，弱い信号の局を受信できなくなります．　　　　　　　　　　　　答え▶▶▶ 1

問題 20 ★　　　　　　　　　　　　　　　　　　　　　→ 5.7.2

次の記述の □ に入れるべき字句の組合せで，正しいのはどれか．

スケルチ調整つまみは， A 状態のときスピーカから出る B を抑制するときに用いる．

	A	B
1	送信	雑音
2	送信	音声
3	受信	雑音
4	受信	音声

解説　スケルチ回路は，**受信**する FM 電波の信号が弱い場合，低周波増幅器から出力される大きな**雑音**を消すための回路です．　　　　　　　答え▶▶▶ 3

問題 21 ★ → 5.7.2

次の記述で □ 内に入れるべき字句の組合せで，正しいのはどれか．

FM（F3E）受信機において，相手局からの送話が □ A □ とき，受信機から雑音が出たら □ B □ 調整つまみを回して，雑音が消える限界点付近の位置に調整する．

	A	B
1	有る	音量
2	有る	スケルチ
3	無い	音量
4	無い	スケルチ

解説 **スケルチ調整つまみ**は，無信号時（相手の送話が**無い**とき）の雑音を消去するために使用します．

答え ▶▶▶ 4

5章

問題 22 ★★★ → 5.7.2

無線送受信機の制御器を使用する主な目的は，次のうちどれか．

1 送受信機を離れたところから操作するため．
2 電源電圧の変動を避けるため．
3 送信と受信の切替えのみを行うため．
4 スピーカから出る雑音のみを消すため．

解説 無線送受信機を操作するとき，手元に送受信機本体がなくても，制御器（送受信機本体と同様な操作パネル）があれば遠隔操作で動作させることができます．なお，無線送受信機の制御器を使用する主な目的は，**送受信機から離れたところから操作**するためです．

答え ▶▶▶ 1

⑥章 空中線系

この章から **1** 問出題

空中線（アンテナともいいます．以下「アンテナ」とします）と給電線は電波の送信や受信には必要不可欠で，アンテナの長さや大きさは使用する電波の波長に関係します．この章では各種アンテナの特徴と給電線及び整合について学びます．

6.1 アンテナの長さと形状

アンテナは，使用する電波の周波数によって，長さ，大きさ，形状が異なり，それらは主に使用する電波の波長によって決まります．使用する電波の波長が短ければ短いアンテナ，波長が長い場合は長いアンテナが必要になります．

アンテナの形状は，主に短波帯（HF）以下で使われるダイポールアンテナなどの線状アンテナ，超短波帯（VHF）～極超短波帯（UHF）で使われる全方向性（無指向性）のブラウンアンテナやスリーブアンテナ，強い指向性を持つ八木アンテナ，マイクロ波領域で使われるパラボラアンテナなど多くの種類のアンテナがあります．

各々のアンテナに共通して必要なのは，電波を効率良く送受信できるようにすることです．そのために「アンテナの指向性」，「アンテナの利得」，「無線機器とアンテナを接続する給電線との整合」が重要になります．

6.2 アンテナに必要な要素

6.2.1 入力インピーダンス

送受信機とアンテナを接続するには，同軸ケーブルなどの給電線が必要になります．図 **6.1** に示すように給電点 ab からアンテナを見たインピーダンスを**入力インピーダンス**又は**給電点インピーダンス**といいます．

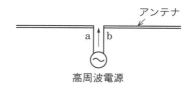

■図 **6.1** アンテナの入力インピーダンス

6.2.2　アンテナの指向性

アンテナが「どの程度，特定の方向に電波を集中して放射できるか」又は「到来電波に対してどの程度感度が良いか」を**指向性**といいます．

放送局やタクシー無線などの基地局では，どの方向でも電波の強さが同じになるアンテナが使用されており，このようなアンテナを**全方向性（無指向性）アンテナ**といいます．また，八木アンテナやパラボラアンテナのように，放射される電波の強さが方向によって異なるアンテナを**単一指向性アンテナ**といいます．

アンテナの指向特性はアンテナから放射される電波の電界強度が最大の点を 1 と考え，他の場所における電界強度を相対的な値で示すとわかりやすくなります．

全方向性アンテナの水平面内の特性の概略を**図 6.2** に，単一指向性アンテナの水平面内の特性の概略を**図 6.3** に示します．

■**図 6.2　全方向性アンテナの特性**

■**図 6.3　単一指向性アンテナの特性**

全方向性アンテナはアンテナの向きに関係しないため，放送や携帯電話などの移動体通信に向いています．単一指向性アンテナはテレビの電波の受信など，通信の相手が決まっている場合に向いています．

6.2.3　利　得

利得はアンテナの性能を表す指標の 1 つで，数値が大きくなれば高性能になります．利得が大きなアンテナを使用すると，送信電力が小電力でも遠くまで電波が到達します．

アンテナの利得には，全方向性である等方性アンテナを基準とした**絶対利得**と半波長ダイポールアンテナを基準とした**相対利得**があります．

アンテナの重要な要素に，「入力インピーダンス」，「指向性」，「利得」があります．

6.3 基本アンテナ

★★★ 超重要 6.3.1 半波長ダイポールアンテナ

図 **6.4** に示すアンテナを**半波長ダイポールアンテナ**といい，**長さが電波の波長の 1/2 に等しい非接地アンテナ**です．アンテナに高周波電流を加えると，アンテナに流れる電流の分布は一定ではなく場所によって異なります．グレーの部分は電流分布を示します．

地面に水平に設置した半波長ダイポールアンテナからは水平偏波の電波が放射され，水平面内の指向特性は**図 6.5** に示すように 8 字特性になることが知られています．地面に垂直に設置すると**垂直偏波**の電波が放射され，水平面内の指向特性は**全方向性（無指向性）**になります．

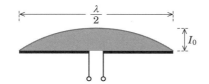

■図 **6.4** 半波長ダイポールアンテナと電流分布

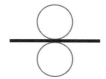

■図 **6.5** 半波長ダイポールアンテナの水平面内の指向特性

6.3.2 1/4 波長垂直アンテナ

1/4 波長垂直アンテナは，長さが電波の波長の 1/4 に等しい接地アンテナです．図 **6.6** に 1/4 波長垂直アンテナとその電流分布を示します．電流分布はアンテナの先端で零，基部で最大になります．

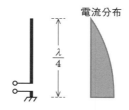

■図 **6.6** 1/4 波長垂直アンテナと電流分布

1/4 波長垂直アンテナの水平面内の指向特性は，図 6.2 に示したように全方向性（無指向性）になります．接地抵抗が小さいほどアンテナの効率が良くなります．

アンテナは1つの周波数だけでなく，いくつかの周波数に対しても共振（同調）します．共振する一番低い周波数を固有周波数，そのときの波長を固有波長といいます．図6.6のアンテナの長さは，$\lambda/4$ ですが，$3\lambda/4$ や $5\lambda/4$ のように奇数倍の長さであれば，アンテナ基部の電流分布は最大になり共振します．

問題 1　★★　　　　　　　　　　　　　　　　　**➡ 6.3.1**

　図に示す水平半波長ダイポールアンテナの l の長さと水平面内の指向性の組合せで，正しいのはどれか．

1　$\dfrac{1}{4}$波長　　全方向性（無指向性）

2　$\dfrac{1}{4}$波長　　8字特性

3　$\dfrac{1}{2}$波長　　全方向性（無指向性）

4　$\dfrac{1}{2}$波長　　8字特性

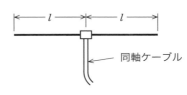

同軸ケーブル

解説　半波長ダイポールアンテナの長さはその名の通り半波長（1/2波長）です．問題の図の $2l$ が1/2波長なので，l は**1/4 波長**になります．水平面内の指向特性は**8字特性**です．

答え▶▶▶ 2

問題 2　★　　　　　　　　　　　　　　　　　　**➡ 6.3.1**

　垂直半波長ダイポールアンテナから放射される電波の偏波と，水平面内の指向性についての組合せで，正しいのはどれか．

　　偏波　　　　　指向性

1　垂直　　8字特性

2　水平　　全方向性（無指向性）

3　水平　　8字特性

4　垂直　　全方向性（無指向性）

解説　発射される電波は**垂直偏波**で，水平面内の指向特性は**全方向性（無指向性）**です．

答え▶▶▶ 4

6章

6.4　**各種アンテナ**

　ここでは，超短波（VHF）〜極超短波（UHF）で使用されているアンテナについて解説します．

★
注意**6.4.1　ホイップアンテナ**

　図 **6.7** に**ホイップアンテナ**の概観を示します．
1/2 波長より大きな直径の金属板を取り付けて，
大地と同じ効果をさせようとするものです．
VHF 〜 UHF 帯の移動体アンテナとして使用されています．

★★★
超重要**6.4.2　スリーブアンテナ**

　図 **6.8** に**スリーブアンテナ**の概観を示します．
同軸ケーブルの内導体を 1/4 波長だけ残し，長

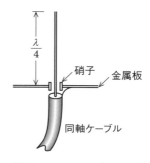

■図 **6.7**　ホイップアンテナ

さが **1/4 波長**のスリーブ（袖という意味）と呼ばれる銅や真鍮などで作られた
円筒を取り付け，同軸ケーブルの外導体に接続してあります．水平面の指向特性
は全方向性となります．主にタクシー無線や簡易無線などの基地局用に使用されています．

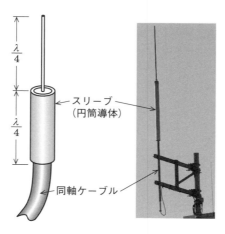

■図 **6.8**　スリーブアンテナ

★★ 重要 6.4.3　ブラウンアンテナ

図 6.9 にブラウンアンテナの概観を示します．アンテナ部の長さは **1/4 波長**で，地線と呼ばれる導線（ここでは地線は 4 本）を水平方向に取り付けています．偏波は垂直偏波で，水平面では全方向性なので，主に基地局などの通信用アンテナとして使用されています．

ブラウンアンテナは，スリーブアンテナのスリーブを4 本に分割し，それを水平に開いたものです．

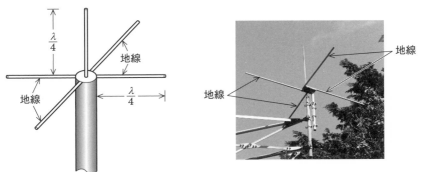

■図 6.9　ブラウンアンテナ

★★ 重要 6.4.4　八木・宇田アンテナ（八木アンテナ）

図 6.10 に 3 素子の八木・宇田アンテナ（八木アンテナ）の概観を示します．八木アンテナは電波を放射する**放射器**，電波を反射する**反射器**，電波を前方向に強める**導波器**から構成されており，長さには**導波器＜放射器＜反射器**の関係があ

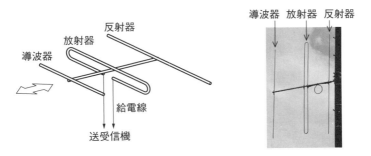

■図 6.10　八木アンテナ

ります．電波の主輻射方向は導波器の方向になります．八木アンテナはテレビの
受信用をはじめ，短波〜極超短波帯の送受信アンテナなどに使われています．

関連知識 バラボラアンテナ

マイクロ波（SHF）で使用されるパラボラアンテナの原理を**図6.11**に示します．パラボ
ラ（parabola）は放物線という意味で，放物線を軸のまわりに回転させて作った面を放物
面といいます．パラボラアンテナは，放物面反射鏡と一次放射器から構成されるアンテナで，
放物面は電波を1つの焦点に集めることができるので指向性が強くなります．波長の短い
マイクロ波用のアンテナに適しており，主に多重無線通信，衛星通信，衛星放送に使用され
ています．

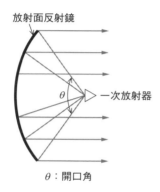

放射面反射鏡　　　　　　　　　　放射面反射鏡　　　一次放射器

θ　一次放射器

θ：開口角

■**図6.11**　バラボラアンテナ

問題 3 ★★★　　　　　　　　　　　　　　　　　　　　**→6.4.2**

図に示すアンテナの名称と l の長さの組合せで，正し
いのはどれか．

	名　称	l の長さ
1	スリーブアンテナ	1/4 波長
2	スリーブアンテナ	1/2 波長
3	ホイップアンテナ	1/4 波長
4	ホイップアンテナ	1/2 波長

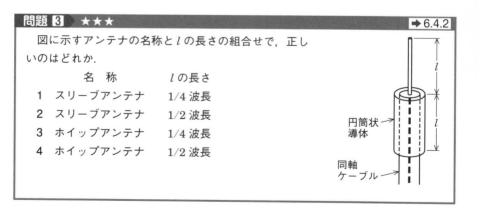

円筒状
導体

同軸
ケーブル

解説　問題の図は**スリーブアンテナ**で，l の長さは**1/4波長**です．

答え ▶▶▶ 1

問題 4 ★ ➡ 6.4.3

次の記述の 内に入れるべき字句の組合せ
で，正しいのはどれか．

図のアンテナは， A アンテナと呼ばれる．
電波の波長をλで表したとき，アンテナの長さ l は
B であり，水平面内の指向性は全方向性（無
指向性）である．

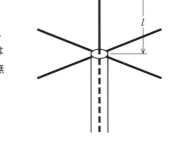

	A	B
1	ブラウン	1/2 波長
2	ブラウン	1/4 波長
3	ダイポール	1/2 波長
4	ダイポール	1/4 波長

解説 問題の図は**ブラウンアンテナ**で，l の長さは **1/4 波長**です．

答え▶▶▶ 2

問題 5 ★★ ➡ 6.4.4

図は，三素子八木・宇田アンテナ（八木アンテナ）
の構成を示したものである．各素子の名称の組合せ
で，正しいのはどれか．ただし，A，B，C の長さは，
A＜B＜C の関係があるものとする．

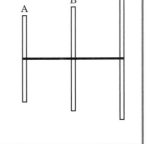

	A	B	C
1	導波器	放射器	反射器
2	導波器	反射器	放射器
3	反射器	放射器	導波器
4	反射器	導波器	放射器

解説 八木アンテナは，前方から，**導波器→放射器→反射器**の順で，後方に行くにし
たがってアンテナは長くなります．

答え▶▶▶ 1

6章

6.5 給電線

6.5.1 給電線とは

　送受信機とアンテナを接続する線路を**給電線**といいます．給電線には，**図6.12**のような，平行2線式線路，同軸ケーブル，導波管（マイクロ波領域など高い周波数で使用）があります．

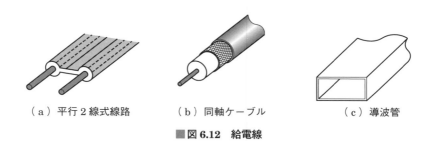

（a）平行2線式線路　　　　（b）同軸ケーブル　　　　（c）導波管

■図6.12　給電線

　給電線の特性インピーダンスとアンテナのインピーダンスが異なると反射波が生じて伝送効率が低下し，信号の歪みも増加するので，インピーダンスを整合させる必要があります．

★★★ 超重要 6.5.2 同軸ケーブル

　同軸ケーブル（同軸給電線）は不平衡形の給電線で，**図6.13**に示すような構造になっています．

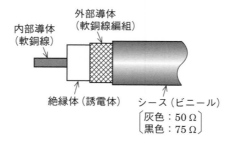

■図6.13　同軸ケーブルの構造

同軸ケーブルには日本産業規格（JIS）表示による型番が付けられています．

例えば，5D2V という型番の同軸ケーブルの数字及びアルファベットの意味するものを示したのが**表 6.1** です．

■**表 6.1　5D2V の数字及びアルファベットの意味**

英数字	意　味
5	外部導体の内径（＝絶縁体の外径）の概略を〔mm〕単位で表す
D	特性インピーダンスを表す（D は 50 Ω，C は 75 Ω）
2	絶縁体の材料を表す（2 はポリエチレン，F は発泡ポリエチレン）
V	V は一重導体編組，W は二重導体編組，B は両面アルミ箔貼付プラスチックテープを表す

送受信機とアンテナを接続するケーブルが給電線です．給電線には，平行 2 線式線路，同軸ケーブル，導波管がありますが，VHF 帯では同軸ケーブルが使用されています．

問題 6　★★　➡6.5

超短波（VHF）帯の周波数を利用する送受信設備において，装置とアンテナを接続する給電線として，通常使用されるものは次のうちどれか．

1　LAN ケーブル（より対線）

2　導波管

3　同軸給電線

4　平行 2 線式給電線

解説　超短波（VHF）帯の給電線は**同軸給電線（同軸ケーブル）**が使用されます．なお，マイクロ波帯の給電線は導波管が用いられます．

答え▶▶▶ 3

7章 電波伝搬

この章から **1** 問出題

電波伝搬には，地上波伝搬，対流圏伝搬，電離層伝搬などがあります．この章では，主に，三陸特の試験に出題される超短波（VHF）帯の伝搬について学びます．

7.1 電波の速度と伝わり方

電波は，真空中では，1秒間に 3×10^8 m（30万km）進みます．しかし，電波が伝搬する媒質が違う（例えば，乾燥した大気中や水蒸気を多く含んだ大気中など）と，周波数は変化しませんが，波長が変化し，電波の速度が変化します（なお，電波の媒質中の速度は真空中の速度と比べると遅くなります）．

7.2 電波の伝わり方の種類

電波の伝わり方（電波伝搬）の種類には，地面から近い順番に「地上波伝搬」，「対流圏伝搬」「電離層伝搬」があります．電波の伝わり方を図に示したものを **図7.1**，電波の伝わり方を分類したものを **表7.1** に示します．

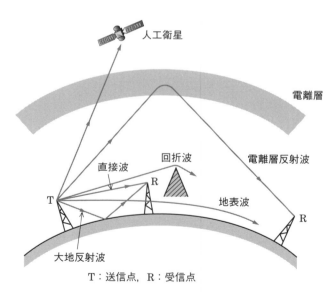

T：送信点，R：受信点

■図7.1　電波の伝わり方

表7.1 電波の伝わり方の分類

伝搬の種類	名　称	特　徴
地上波伝搬	直接波	送信アンテナから受信アンテナに直接伝搬
	大地反射波	地面で反射し伝搬
	地表波	地表面に沿って伝搬
	回折波	山陰のような見通し外でも伝搬
対流圏伝搬	対流圏波	大気の屈折率の影響を受けて伝搬
電離層伝搬	電離層反射波	電離層反射で遠距離通信が可能

7.2.1 地上波伝搬

　送受信間の距離が近く，大地，山，海などの影響を受けて伝搬する電波を**地上波**といいます．地上波には，「直接波」「大地反射波」「地表波」「回折波」があります．地上波が伝搬することを**地上波伝搬**といいます．

7.2.2 対流圏伝搬

　地上からの高さが12 km程度（緯度，経度，季節により高さは変化します）までを**対流圏**といいます．対流圏では高度が高くなるに従って大気が薄くなり，100 mにつき温度が約0.6℃下がります．大気が薄くなると屈折率が小さくなり，電波はわん曲して伝搬するようになります．このように対流圏の影響を受けて電波が伝搬することを**対流圏伝搬**といいます．

7.2.3 電離層伝搬

　電離層は地表から約60 ～ 400 kmのところにあります．電離層密度は，太陽活動・季節・時刻などで常に変化します．電離層は**図7.2**に示すように，地表から近い方から，D層，E層，F層と命名されています．電離層は短波（HF）帯の電波伝搬に大きな影響を与えます．電離層で反射する伝搬を**電離層伝搬**といい，通常，超短波（VHF）帯以上の電波は電離層を突き抜けてしまいますが，夏季の昼間に出現することがある**スポラジックE層**と呼ばれる電子密度が高い特殊な電離層によって，超短波（VHF）帯の電波が反射し，見通し距離外の遠距離に伝搬することがあります．

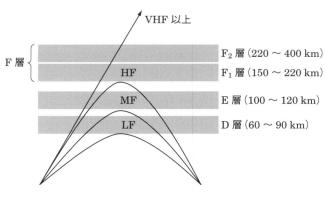

■図7.2　電離層での伝搬

関連知識　電離層での反射

　電離層（電離圏ということが多い）に鏡のような反射板があるわけではありません．電離層の上に行くほど電子が増えるため，屈折率が小さくなり，電離層に入射した電波は下側にわん曲して伝わるようになります．これを反射といっています．どの程度わん曲するかは周波数によって違い，中波（MF）や短波（HF）の電波は反射しますが，超短波（VHF）帯や極超短波（UHF）帯の電波は反射しないで突き抜けてしまいます．

Column　電離層になぜA層，B層，C層がないの？

　電離層があることを確認したのは，アップルトン（イギリスのノーベル賞受賞者）です．論文の中で，電離層反射波の電界を表すのにEを用いたのでE層と命名しました．その後，E層より高い場所に反射層が見つかり，F層と命名しました．同様に，E層より低い場所にも反射層が見つかり，D層と命名されました．よって，D層〜F層しかなく，A層，B層，C層はありません．

7.2.4　電波の回折

　光は障害物の陰には伝わりませんが，長波や中波などはもちろん，超短波や極超短波などの電波も障害物の陰に回り込みます．これを**電波の回折**といいます．

関連知識　電波の屈折

　屈折率の違う媒質を電波が通過する場合は，媒質の境界面で電波は屈折して進行します．真空中の電波の速度を c，媒質中の電波の速度を c'，媒質の屈折率を n（媒質によって決まる1より大きな定数）とすると，$c' = c/n$ となります．なお，大気の屈折率は1よりわずかに大きいため，電波の速度は大気などの媒質中では必ず遅くなります．

7.3　各周波数帯における電波伝搬の特徴

　短波（HF）と超短波（VHF）における電波の伝わり方をまとめたものを次に示します．

★★重要　7.3.1　短波（HF）の電波伝搬

- 電離層の反射波を利用し，小電力でも遠距離通信が可能である．
- **太陽活動，季節，時刻によって電離層の状態が変化**するので，適切に使用する周波数を変更する必要があり，安定した通信は難しい面もある．
- デリンジャー現象や電離層嵐が起こると，突然通信不能になることもある．

> **関連知識　デリンジャー現象と電離層嵐**
>
> 　太陽面のフレア（爆発）が原因で起こった異常電離により電波が吸収され，その結果，地球の昼間の地域で，数分〜数十分にわたって短波通信が妨げられる現象をデリンジャー現象といいます．
> 　電離層の電子密度の低下や高度の上昇などが不規則に起こり，短波による通信に障害が起こることを**電離層嵐**といい，2日〜1週間程度続きます．

★★重要　7.3.2　超短波（VHF）の電波伝搬

- **光に似た性質で，直進する**性質があるが，**山や建物などの障害物の背後にも届くことがある．**
- **見通し距離内の通信に適する．**
- **アンテナの高さが通達距離に大きく影響する．**
- **通常，電離層を突き抜けてしまうので利用できないが，夏の昼間にスポラジックE層が出現して遠距離通信ができることがある．**
- **伝搬途中の地形や建物の影響を受ける．**
- 直接波と地表面からの反射波が伝搬する．
- 送信点からの距離が見通し距離より遠くなると，波長が短くなるほど受信電界強度の減衰が大きくなる．

関連知識　その他の電波伝搬の特徴

＜長波（LF）の伝搬＞
- 地球の表面に沿って伝搬する地表波が主体で，周波数が低いほど減衰が少ない．
- 昼間はD層が出現し電波の吸収が増えるので，夜間と比べ電界強度が低下する．

＜中波（MF）の伝搬＞
- 近距離の伝搬は地表波が主体だが，遠距離間通信の場合は電離層伝搬が主体となる．
- D層は夜間には消滅するので，夜間は電界強度が大きくなる．

＜極超短波（UHF）の電波伝搬＞
- 電離層を突き抜けるので，電離層は利用できない．
- 地上波伝搬と対流圏伝搬波を使用する．見通し距離内の通信では，直接波と大地反射波が利用される．
- UHF電波はVHF電波に比べ，建造物や樹木などの障害物による減衰が大きい．

＜マイクロ波（SHF，EHF）の電波伝搬＞
- 光に近い伝搬をする．直進性が強く見通し内の通信に使用される．
- 波長が短くなるので，指向性の鋭いアンテナを使用できる．

問題 1　★★★　　　　　　　　　　　　　　　　　　　　　**➡ 7.3.2**

　　次の記述は，超短波（VHF）の電波の伝わり方について述べたものである．誤っているのはどれか．

1　光に似た性質で，直進する．
2　通常，電離層を突き抜けてしまう．
3　見通し距離内の通信に適する．
4　伝搬途中の地形や建物の影響を受けない．

解説　超短波は，光のように直進する性質がありますが，**山や建物などの陰にも回り込んで届く**ことがあります．

答え▶▶▶ 4

問題 2　★★　　　　　　　　　　　　　　　　　　　　　**➡ 7.3.2**

　　短波（HF）の伝わり方と比べたときの超短波（VHF）の伝わり方の記述で，最も適切なものはどれか．

1　見通し距離外の通信に適する．
2　太陽の紫外線による影響を受ける．
3　地表波の減衰が少なく，通信に適する．
4　通常，電離層を突き抜けてしまう．

答え▶▶▶ 4

問題 3 ★★　　　　　　　　　　　　　　　　　　　→ 7.3.2

　短波（HF）の伝わり方と比べたときの超短波（VHF）の伝わり方の記述で，最も適切なものはどれか.

1　昼間と夜間では，電波の伝わり方が異なる.
2　アンテナの高さが通達距離に大きく影響する.
3　電離層波が主に利用される.
4　比較的遠距離の通信に適する.

解説　アンテナの高さは通達距離に大きく影響します. なお, 通達距離 d〔km〕はアンテナの高さを h〔m〕とすると, 大気中では $d = 4.12\sqrt{h}$〔km〕となり, アンテナの高さが高くなると通達距離が長くなります.

答え▶▶▶ 2

問題 4 ★★　　　　　　　　　　　　　　　　　　　→ 7.3.2

　超短波（VHF）帯では, 一般にアンテナの高さを高くした方が電波の到達距離が延びるのはなぜか.

1　見通し距離が延びるから.
2　地表波の減衰が少なくなるから.
3　対流圏散乱波が伝わりやすくなるから.
4　スポラジックE層（Es層）の反射によって伝わりやすくなるから.

解説　アンテナの高さを h〔m〕とすると, 到達距離 d〔km〕は大気中では $d = 4.12\sqrt{h}$〔km〕となり, アンテナの高さを高くした方が到達距離が長くなります. 例えば, アンテナの高さが 25 m の場合の到達距離は, $d = 4.12\sqrt{25} = 20.6$ km ですが, 高さ 100 m のアンテナは, $d = 4.12\sqrt{100} = 41.2$ km になります.

　なお, スポラジックE層（Es層）は夏季の昼間に現れ, VHF帯電波を反射して遠距離まで伝搬することがあります.

答え▶▶▶ 1

7
章

⑧章 電　源

この章から **1** 問出題

この章では交流を直流に変換する「整流回路」，交流分をカットしてより直流に近づける「平滑回路」について学びます．また，一次電池と二次電池の特徴についても学びます．

8.1　電源回路

　スマートフォンや携帯無線機等だけでなく，テレビジョン受像機や電子通信機器のほとんどは直流で動作しています．テレビジョン受像機のような大型の電子機器は，通常，家庭用の交流商用電源を直流に変換して使用しています．

　スマートフォン，携帯ラジオ，ドローンなどのように，移動して使用する機器には乾電池や蓄電池などの直流電源が使われています．

　図 8.1 は交流電圧を直流電圧に変換する電源回路の仕組みを示したものです．交流電圧を変圧器で所定の交流電圧に昇圧又は降下させ，整流回路で直流（脈流）に変換します．整流回路の出力電圧は交流成分を多く含んでいるので，平滑回路を使って交流成分を除去し，より直流に近づけて負荷に供給します．

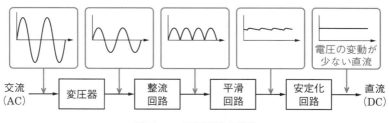

■ **図 8.1**　電源回路の構成

★★ 重要 8.1.1　変圧器

　鉄心に 2 つのコイルを巻いたものを**変圧器**（トランス）といいます．変圧器は，任意の交流電圧を得ることができます．変圧器の図記号を**図 8.2**，実際の小型の変圧器を**図 8.3** に示します．

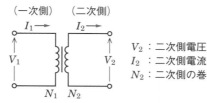

■ **図 8.2**　変圧器の図記号

■ **図 8.3**　小型変圧器

実際の変圧器では，安全のため一次側に**ヒューズ**を挿入します．すぐに切断するのを防止するため，**ヒューズの電流値は機器の規格電流に比べて少し大きな値**のものを使用します．

関連知識　ヒューズ

　ヒューズ（**図8.4**）は溶融温度の低い合金で作られており，ある一定以上の電流が流れると溶断し，回路を保護します（一種の過負荷遮断器です）．

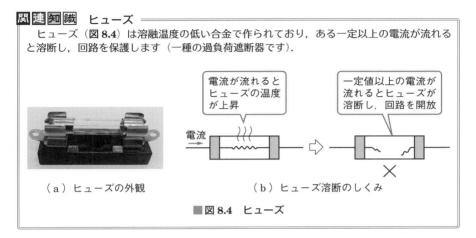

電流が流れると
ヒューズの温度
が上昇

一定値以上の電流が
流れるとヒューズが
溶断し，回路を開放

電流

（a）ヒューズの外観　　　　　　　（b）ヒューズ溶断のしくみ

■**図8.4　ヒューズ**

8.1.2　整流回路

　整流回路は，ダイオードなどの整流器を使用して**交流を直流に変換**する回路です．半波整流回路や全波整流回路などがあります．

8.1.3　平滑回路

　整流回路で整流された電圧は，交流成分が残っている不完全な直流ですので，そのままでは電子機器などに使用できません．そこで，**交流成分を除去**するのが**平滑回路**です．

問題❶　★★　　　　　　　　　　　　　　　　　　　　　　　　➡ 8.1.1

　機器に用いる電源ヒューズの電流値は，機器の規格電流に比べて，どのような値のものが最も適切か．

　1　少し小さい値　　　2　十分小さい値

　3　少し大きい値　　　4　十分大きい値

解説　電源ヒューズの電流値は，すぐに切断するのを防止するため，機器の規格電流に比べて，**少し大きい値**にします．　　　　　　　　　　　　　　答え▶▶▶ 3

8.2 電池と蓄電池

電池はイタリアのボルタが 1800 年に発明した「ボルタ電池」（正極：銅，負極：亜鉛，電解液：希硫酸）が最初で，今から 200 年以上前のことです．

1859 年に，フランスのプランテが「鉛蓄電池」を発明し，1887 年には，日本の屋井先蔵が「乾電池」を発明しました．

現在では，様々な種類の電池や蓄電池が考案され，電子通信機器や電気自動車など多方面に使われています．

電池には，化学反応により電気を発生させる**化学電池**，光や熱を電気に変換する**物理電池**があります．

化学電池には，乾電池のような使い捨ての**一次電池**，充放電を繰り返すことで何回も使用できる**二次電池**があります．

物理電池には，太陽電池や熱電池があります．

これらをまとめたものを**図 8.5** に示します．

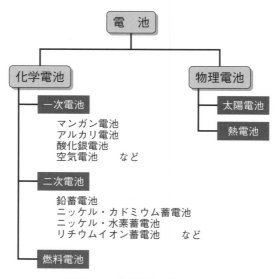

■図 8.5　化学電池と物理電池

8.2.1 乾電池

現在，使用されている代表的な乾電池には，マンガン乾電池とアルカリ乾電池，時計や電卓などに使用されているボタン形の酸化銀電池などがあります．

マンガン乾電池は正極に二酸化マンガン，負極に亜鉛，電解液に塩化亜鉛水溶液を使用しており，公称電圧（端子間電圧）は 1.5 V です．マンガン乾電池は間欠的に使用すると電力が回復する性質があるので，テレビのリモコンのようにときどき使用するものの電源に向いています．

アルカリ乾電池は正極に二酸化マンガン，負極に亜鉛，電解液に水酸化カリウム水溶液が使用されており，公称電圧は 1.5 V です．マンガン乾電池と比較すると大きな電流を流すことが可能なので，モータなど大きな電流を必要とするものに向いています．

酸化銀電池は，正極に酸化銀，負極に亜鉛，電解液に水酸化カリウム水溶液又は水酸化ナトリウム水溶液を使用しており，公称電圧は 1.55 V です．ボタン型なので，時計，電卓，体温計などの小型の電子機器に用いられています．大きな電流は取り出すことはできません．

8.2.2 鉛蓄電池

正極に二酸化鉛，負極に鉛，電解液に希硫酸を使用したものです．1つのセル当たりの公称電圧は **2 V** です．大きな電流を取り出すことができ，**メモリー効果はありません**．短所としては，重くて，電解液に希硫酸を使用しているので，破損した場合は危険であることです．鉛蓄電池の劣化の原因は，主に，電極の劣化によるものです．

鉛蓄電池は，満充電状態のまま放電しない場合でも，電池内部では化学反応が起きていますので，時間の経過とともに電池容量が低下します（これを**自己放電**といいます）．そのため，全く使用しないときでも，1〜3か月に1回程度は充電し，電圧の低下を防ぐ必要があります．

鉛蓄電池は，自動車のバッテリーや各種施設の非常用の蓄電池として，広く使われています．

 電池を使いきらない状態で何度も充電を繰り返すことにより，早く電圧が低下してしまい，使える容量が減ってくる現象をメモリー効果といいます．

8章

★★★ 超重要 ▎8.2.3 リチウムイオン蓄電池

　正極にコバルト酸リチウム，負極に炭素，電解液に有機電解液を使用したものです．

　1セル当たりの電圧は3.7Vです．大電流の放電には向きませんが，軽くて大きな電力が得られることから，携帯電話，ノートパソコン，ビデオカメラのようなモバイル端末に広く使用されています．また，パワーアシスト自転車や電気自動車用蓄電池としても注目されています．

　自己放電が小さく，**メモリー効果はありません**．過充電や過放電には弱いので保護回路が必要です．

★ 注意 ▎8.2.4 ニッケル・カドミウム蓄電池

　正極にオキシ水酸化ニッケル，負極にカドミウム，電解液に水酸化カリウム水溶液を使用したものです．

　1セル当たりの公称電圧は**1.2V**ですが，容量が大きく大電流を流すことができますので，大きな電力を必要とする家電製品（電動歯ブラシ，電気シェーバー，電動工具など）に使われています．自己放電があり，時計の電源のように消費電力が小さく長期間動作させるような用途には向いていません．電圧が0Vになるまで放電しても，充電すれば回復します．メモリー効果が大きいといった欠点があります．

関連知識　ニッケル・水素蓄電池

　正極にオキシ水酸化ニッケル，負極に水素吸蔵合金，電解液に水酸化カリウム水溶液を使用したもので，ニッケル・カドミウム蓄電池の2〜3倍の電気を取り出すことが可能です．1セル当たりの公称電圧は1.2Vで，大電流を流すことができます．自己放電が大きく，時計の電源のように消費電力が小さく長期間動作させるような用途には向いていません．電圧が0Vになるまで放電すると，劣化して回復しませんが過充電に強い電池です．メモリー効果が小さい蓄電池です．

　ニッケル・カドミウム蓄電池に比べて約2倍の電力を得られることから，ニッケル・カドミウム蓄電池同様，家電製品だけではなく，ハイブリッド車や電動自転車にも使用されています．

★注意 ■8.2.5 電池の容量

電池の容量は，充電した電池が放電し終わるまでに放出した電気量で決まります．**電池の容量の単位は Ah〔アンペア時〕**で表し，1 時間当たりにどれだけの電流を流すことができるかを表します．例えば，容量 30 Ah の充電済の電池に電流が 3 A 流れる負荷を接続して使用したときは，この電池は通常 10 時間連続して使用できることになり，また，1 A 流したとき，30 時間連続して使用できることになります．

電池の容量の単位には，時間率という単位が設けられています．時間率はその時間に使用した場合に取り出せる容量を表し，「電池の容量÷時間率＝取り出せる電流」になります．時間率は蓄電池によって異なり，オートバイは 10 時間率，自動車（国内）は 5 時間率，自動車（欧州）は 20 時間率が採用されています．

例えば，200 Ah（10 時間率）の容量を持つ鉛蓄電池の場合，20 A の電流を10 時間放電できる計算になります．しかし，大電流で放電する場合は放電時間が短くなりますので，40 A の電流を 5 時間放電することはできません（すなわち，容量が小さくなるので注意が必要です）．

関連知識　電池の直列接続と並列接続

電池を n 個直列接続で使用すると，電圧は n 倍になりますが，容量は変わりません．一方，電池を n 個並列接続で使用すると，電圧は変化しませんが，容量は n 倍になります．

例えば，電圧が 1.5 V の乾電池 4 個を直列接続で使用すると，電圧は 4 倍の 6 V になりますが，電池の容量は 1 個分と同じで変化しません．また，同じ乾電池 4 個を並列接続で使用すると，電圧は変化せず 1.5 V のままですが，電池の容量は 4 倍になり長時間使用できます．

問題 2 ★★　　　　　　　　　　　　　　　　　　　　→8.2

電池の記述で，誤っているのはどれか．

1　鉛蓄電池は，二次電池である．
2　容量を大きくするには，電池を並列に接続する．
3　リチウムイオン電池は，メモリー効果があるので継ぎ足し充電ができない．
4　蓄電池は，化学エネルギーを電気エネルギーとして取り出す．

解説　2　○　電池を並列に接続すると**容量が大きくなります**．なお，電池を直列に接続すると電圧が大きくなります（容量は変わりません）．

3　×　リチウムイオン電池は，**メモリー効果がないので**，継ぎ足し充電ができます．

答え▶▶▶3

8章

問題 3 ★★ ➡8.2

電池の記述で，正しいのはどれか．
1 鉛蓄電池は，一次電池である．
2 容量を大きくするには，電池を直列に接続する．
3 蓄電池は，化学エネルギーを電気エネルギーとして取り出す．
4 リチウムイオン電池は，メモリー効果があるので継ぎ足し充電ができない．

解説 誤っている箇所は以下のようになります．
1 「**一次電池**」ではなく，正しくは「**二次電池**」です．
2 「**直列**」ではなく，正しくは「**並列**」です．
4 「メモリー効果が**ある**ので継ぎ足し充電が**できない**」ではなく，正しくは「メモリー効果が**ない**ので継ぎ足し充電が**できる**」です．

答え▶▶▶ 3

問題 4 ★★ ➡8.2.2

鉛蓄電池の取扱い上の注意として，誤っているのはどれか．
1 過放電させないこと．
2 日光の当たる場所に置かないこと．
3 常に過充電すること．
4 電解液が少なくなったら蒸留水を補充すること．

解説 1 ○ 過放電をすると電池の容量が減ってしまいますので，過放電をしてはいけません．
2 ○ 温度環境の影響を受けやすいので，温度の上昇やケースの破損のおそれがある直射日光や高温多湿の場所は避ける必要があります．
3 × 水素ガスの発生や高温になるおそれがあるので，**過充電をしてはいけません**．
4 ○ 充放電を繰り返すと徐々に電解液が減少しますが，使用しなくても電解液の水分だけが蒸発して電解液が減少します．そのときは蒸留水を補充する必要があります．

答え▶▶▶ 3

問題 5 ★★　　　　　　　　　　　　　　➡ 8.2.2

　次の記述は，鉛蓄電池の取扱い上の注意について述べたものである．誤っているのはどれか．
1　3か月に1回程度は，放電終止電圧以下で使用しておくこと．
2　充電は規定電流で規定時間行うこと．
3　直射日光の当たらない冷暗所に保管（設置）すること．
4　常に極板が露出しない程度に電解液を補充しておくこと．

解説　電池はある程度まで放電すると電圧が急激に低下します．この電圧を放電終止電圧(鉛蓄電池は 1.8 V)といいます．この電圧を下回って放電を続けると（この状態を過放電といいます），電池の蓄電性能が低下するおそれがありますので，**放電終止電圧以下にしてはいけません**．放電終止電圧に達した場合，放電を中止し充電を行う必要があります．

答え▶▶▶ 1

問題 6 ★　　　　　　　　　　　　　　　➡ 8.2.4

　次の記述は，ニッケル・カドミウム蓄電池の特徴について述べたものである．誤っているのはどれか．
1　1個（単電池）当たりの公称電圧は，2 V である．
2　大きな電流で放電が可能である．
3　電解液がアルカリ性で，腐食がなく，機器内に収容できる．
4　過放電しても，性能の低下が起こりにくい．

解説　ニッケル・カドミウム蓄電池の1個当たりの公称電圧は **1.2 V** です．

答え▶▶▶ 1

問題 7 ★★　　　　　　　　　　　　　　➡ 8.2.5

　蓄電池のアンペア時〔Ah〕は，何を表すか．
1　起電力　　2　定格電流　　3　内部抵抗　　4　容量

答え▶▶▶ 4

⑨章 測　定

この章では直流電圧計や直流電流計の接続法，アナログ式テスタを用いた直流電圧，交流電圧，抵抗などの測定方法について学びます．試験では，アナログ式テスタに関する問題が出題されています．

9.1 　指示計器と使い方

9.1.1　指示計器

　指示計器は構造が簡単で安価なため，現在も広く使用されており，「直流電圧計」「直流電流計」「交流電圧計」「交流電流計」「高周波電流計」などがあり，用途によって使い分けします．指示計器の種類と図記号を**表9.1**に示します．

　電流計や電圧計の各種指示計器には，コイルやダイオードを用いたものなど，さまざまな部品が使用されています．なお，高周波電流計には，熱電対を用いた熱電対形電流計を用います．

■表9.1　指示計器の種類と図記号

指示計器の種類	図記号
直流電圧計	Ⓥ =
直流電流計	Ⓐ =
交流電圧計	Ⓥ ∼
交流電流計	Ⓐ ∼
高周波電流計	Ⓐ ⋀⋀⋀

★★★
超重要

9.1.2　電圧計と電流計の使い方

　電圧を測定するときは**図9.1**に示すように測定したい場所に並列に電圧計を接続します．そのときの電圧計は測定する電圧より大きな電圧を測定できるものを使用します．回路に流れる電流を測定するときは**図9.2**に示すように回路に直列に電流計を接続します．そのときの電流計は流れる電流より大きな電流を測定できるものを挿入します．直流の電圧または電流を測定する場合，極性に十分注意する必要があります（交流には極性がありません）．

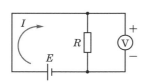

■図 9.1 電圧の測定

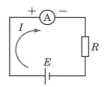

■図 9.2 電流の測定

 電圧を測定するときは，測定する回路に並列に電圧計を接続します．
電流を測定するときは，回路に直列に電流計を接続します．

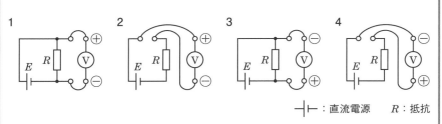

問題 **1** ★★ ➡ 9.1.2

負荷 R にかかる電圧を測定するときの電圧計 V のつなぎ方で，正しいのはどれか．

1 　2 　3 　4

┤├：直流電源　 R：抵抗

 電圧を測定するときは，回路に**並列に電圧計を接続**します．

答え▶▶▶ 1

問題 **2** ★★ ➡ 9.1.2

抵抗 R に流れる電流を測定するときの電流計 A のつなぎ方で，正しいのはどれか．

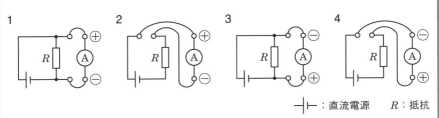

1 　2 　3 　4

┤├：直流電源　 R：抵抗

解説 　**電流**を測定するときは，回路に**直列に電流計を接続**します．

答え▶▶▶ 2

9.2　アナログテスタ

　電気回路や電子回路の保守点検などに容易に使用できる測定器を**テスタ**（回路計）といいます．テスタは，広い範囲の測定を可能にするために，直流電流計に多くの分流器と倍率器，整流器を組み合わせて，直流電圧，直流電流，交流電圧，抵抗を測定できるようにした測定器です（**図 9.3**）．通常，安価なテスタでは交流電流の測定ができません．

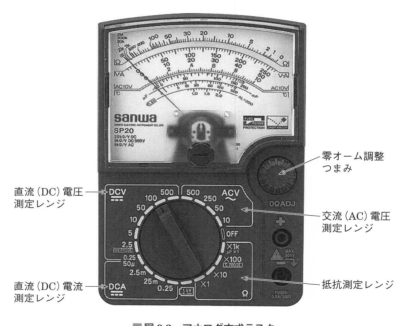

直流（DC）電圧
測定レンジ

直流（DC）電流
測定レンジ

零オーム調整
つまみ

交流（AC）電圧
測定レンジ

抵抗測定レンジ

■図 9.3　アナログ方式テスタ
（写真提供：三和電気計器株式会社）

 直流は DC（Direct Current），交流は
AC（Alternating Current）です．

9.2.1 直流電圧（DCV）の測定

直流電圧を測定する際は，レンジ切換スイッチを適切な **DCV（DC VOLTS）** のレンジに設定します．マイナス側のテストリード（黒色）を電位の低い方，プラス側のテストリード（赤色）を電位の高い方に接続して直流電圧を測定します．

 測定レンジよりも測定電圧が大きい場合は針が振り切れてしまうので，測定時は大きめのレンジにします（交流でも同様です）．

9.2.2 直流電流（DCA）の測定

直流電流を測定する際は，レンジ切換スイッチを適切な DCA のレンジに設定します．回路に直列に挿入し，プラス側のテストリード（赤色）を電流が流れてくる方，マイナス側のテストリード（黒色）をもう一方に接続して直流電流を測定します．

9.2.3 交流電圧（ACV）の測定

交流電圧を測定する際は，レンジ切換スイッチを適切な **ACV（AC VOLTS）** のレンジに設定します．交流電圧にはプラスマイナスの区別はありませんので，赤色テストリードと黒色テストリードは測定点のどちらに接続しても構いませんが，測定箇所に並列に接続します．

9.2.4 抵抗（Ω）の測定

抵抗を測定するときは，以下の手順で行います．
① 適切な**測定レンジ（OHMS）を選択する**
② **テストリードを短絡する**（プラス側のテストリード（赤色）とマイナス側のテストリード（黒色）を接触させる）
③ **0Ω調整をする**（零オーム調整つまみを調節し，Ω目盛の右側の0Ωに合わせる）
④ 抵抗の両端にテストリードを接続（抵抗には極性がないので，テストリードの色を気にする必要はない）して目盛を読み取る
なお，抵抗レンジを変更した場合は，その都度0Ω調整を行います．

9章

関連知識 デジタル方式テスタ

　三陸特の試験では，アナログ方式テスタに関する問題が出題されていますが，実際に使われているテスタの多くがデジタル方式テスタです．

　デジタル方式テスタは直流電圧測定が基本になっています．直流電流並びに交流の電圧や電流などをすべて直流電圧に変換し，その電圧を AD 変換器に入力してデジタル信号に変換した後，液晶などで表示します（交流電圧を測定する場合は，整流器で直流電圧に変換，電流を測定する場合はシャント抵抗を使用して電圧に変換，抵抗を測定する場合は，被測定抵抗に既知の電流を流し，抵抗の両端に生じる電圧から抵抗値を測定します）．

　デジタル方式テスタには次のような特徴があります．
（1）読み取り誤差が少ない
（2）入力抵抗が高い
（3）入力回路には保護回路が入っており，過大入力や逆極性による焼損・破損が少ない

問題 3 ★★★　　　　　　　　　　　　　　　　　　　　→ 9.2.1

　次の記述は，アナログ方式の回路計（テスタ）で直流電圧を測定するとき，通常，測定前に行う操作について述べたものである．適当でないものはどれか．

1　測定する電圧に応じた，適当な測定レンジを選ぶ．
2　電圧が予測できないときは，最大の測定レンジにしておく．
3　テストリード（テスト棒）を測定しようとする箇所に触れる．
4　メータの指針のゼロ点を確かめる．

解説　測定前に行う操作は，選択肢の 1，2，4 です．

答え▶▶▶ 3

問題 4 ★★　　　　　　　　　　　　　　　　　　　　→ 9.2.1

　次の記述の　　　　内に入れる字句の組合せで，正しいのはどれか．

　アナログ方式の回路計（テスタ）を用いて直流電圧を測定しようとするときは，切替つまみを測定しようとする電圧の値よりやや　A　の値の　B　レンジにする．

	A	B
1	小さめ	AC VOLTS
2	小さめ	DC VOLTS
3	大きめ	AC VOLTS
4	大きめ	DC VOLTS

解説　直流は **DC**（Direct Current）で表します．

答え▶▶▶ 4

問題 5 ★★ ➡9.2.3

次の記述の　　　内に入れるべき字句の組合せで，正しいのはどれか．

アナログ方式の回路計（テスタ）を用いて交流電圧を測定しようとするときは，切替つまみを測定しようとする電圧の値よりやや　A　の値の　B　レンジにする．

	A	B
1	大きめ	DC VOLTS
2	大きめ	AC VOLTS
3	小さめ	DC VOLTS
4	小さめ	AC VOLTS

解説 交流は **AC**（Alternating Current）を表します．

答え▶▶▶ 2

問題 6 ★★★ ➡9.2.4

アナログ方式の回路計（テスタ）で，直接抵抗を測定するときの準備の手順で正しいのはどれか．

1 測定レンジを選ぶ→0Ω調整をする→テストリード（テスト棒）を短絡する．
2 測定レンジを選ぶ→テストリード（テスト棒）を短絡する→0Ω調整をする．
3 0Ω調整をする→測定レンジを選ぶ→テストリード（テスト棒）を短絡する．
4 テストリード（テスト棒）を短絡する→0Ω調整をする→測定レンジを選ぶ．

解説 アナログ式テスタで抵抗値を測定する場合，最初に適切な**測定レンジを選び**，次に**テストリード短絡**し，最後に**0Ω調整**を行った後，テストリードを抵抗器の両端に接続して測定します．

答え▶▶▶ 2

9章

問題 7 ★★ ➡9.2

アナログ方式の回路計（テスタ）のゼロオーム調整つまみは，何を測定するときに必要となるか.
1 電圧　　2 電流　　3 抵抗　　4 静電容量

解説 ゼロオーム調整つまみは，**抵抗の測定**を行うときに 0 Ω の位置を調整するものです. なお，アナログ方式の回路計で測定できるのは，「直流電圧」「直流電流」「交流電圧」「抵抗」で，「交流電流」「高周波電流」は測定できません.

 抵抗の測定レンジで導通試験をすれば断線しているかどうか確認できます.

答え▶▶▶ 3

2編
法　規

INDEX

1章　電波法の概要
2章　無線局の免許
3章　無線設備
4章　無線従事者
5章　運用
6章　業務書類等
7章　監督

1章 電波法の概要

この章から **0〜1** 問出題

電波法の歴史と必要性，法律・政令・省令などの電波法令の構成，電波法で使われる用語の定義，条文の構成などについて学びます．

★★★ 超重要 1.1 電波法の目的

電波法は 1950 年（昭和 25 年）6 月 1 日に施行されました（6 月 1 日は「電波の日」です）．電波は限りある貴重な資源ですので，許可なく自分勝手に使用することはできません．電波を秩序なしに使うと混信や妨害を生じ，円滑な通信ができなくなりますので約束事が必要になります．この約束事が電波法です．電波法は法律全体の解釈・理念を表しています．細目は政令や省令に記されています．

電波法が施行される前の電波に関する法律は無線電信法でした．無線電信法は「無線電信及び無線電話は政府これを管掌す」とされ，「電波は国家のもの」でしたが，電波法になって初めて「電波が国民のもの」になりました．

電波法 第 1 条（目的）

　この法律は，電波の公平かつ**能率的**な利用を確保することによって，公共の福祉を増進することを目的とする．

問題 1 ★ → 1.1

　次の記述は，電波法の目的を述べたものである．　　　　内に入れるべき字句を下の番号から選べ．
　この法律は，電波の公平かつ　　　　な利用を確保することによって，公共の福祉を増進することを目的とする．
　1　能動的　　2　能率的　　3　積極的　　4　経済的

答え▶▶▶ 2

1.2 電波法令

電波法令は電波を利用する社会の秩序維持に必要な法令です．電波法令は，**表1.1** に示すように，国会の議決を経て制定される法律である「**電波法**」，内閣の議決を経て制定される「**政令**」，総務大臣により制定される「**総務省令**（以下，省令という）」から構成されています．

■表 1.1　電波法令の構成

	電波法（法律）		国会の議決を経て制定される
電波法令	命令	政令	内閣の議決を経て制定される
		省令（総務省令）	総務大臣により制定される

電波法は**表 1.2** に示す内容で構成されています．

■表 1.2　電波法の構成

第 1 章	総則（第 1 条～第 3 条）
第 2 章	無線局の免許等（第 4 条～第 27 条の 36）
第 3 章	無線設備（第 28 条～第 38 条の 2）
第 3 章の 2	特定無線設備の技術基準適合証明等（第 38 条の 2 の 2 ～第 38 条の 48）
第 4 章	無線従事者（第 39 条～第 51 条）
第 5 章	運用（第 52 条～第 70 条の 9）
第 6 章	監督（第 71 条～第 82 条）
第 7 章	審査請求及び訴訟（第 83 条～第 99 条）
第 7 章の 2	電波監理審議会（第 99 条の 2 ～第 99 条の 14）
第 8 章	雑則（第 100 条～第 104 条の 5）
第 9 章	罰則（第 105 条～第 116 条）

政令には，**表 1.3** に示すようなものがあります．

■表 1.3　政令

電波法施行令
電波法関係手数料令

省令には，**表 1.4** に示すようなものがあります．「無線局運用規則」のように「～規則」と呼ばれるものは省令です．

■表 1.4　省令（総務省令）

電波法施行規則
無線局免許手続規則
無線局（基幹放送局を除く）の開設の根本的基準
特定無線局の開設の根本的基準
基幹放送局の開設の根本的基準
無線従事者規則
無線局運用規則
無線設備規則
電波の利用状況の調査等に関する省令
無線機器型式検定規則
特定無線設備の技術基準適合証明等に関する規則
測定器等の較正に関する規則
登録検査等事業者等規則
電波法による伝搬障害の防止に関する規則

 電波法令は，「電波法」，「政令」，「省令」から構成されています．

★★ 重要　1.3　電波法の条文の構成

条文は，**表 1.5** のように，「条」「項」「号」で構成されています．

■表 1.5　条文の構成

第一条
　　第 1 項
　　　　第一号
　　　　　　イ
　　　　　　ロ
　　　　　　ハ
　　第 2 項
　　　　第一号
　　　　　　：

　注）本書では，「条」の漢数字をアラビア数字（例：第 14 条），「項」をアラビア数字（例：2），「号」の漢数字を括弧付きのアラビア数字（例：(1)）で表すことにします．

例として電波法第14条の一部を示します.

電波法 第14条（免許状）

総務大臣は，免許を与えたときは，免許状を交付する．←（第1項の数字は省略）

2 免許状には，次に掲げる事項を記載しなければならない．←（第2項）

(1) 免許の年月日及び免許の番号

(2) 免許人（無線局の免許を受けた者をいう．以下同じ．）の氏名又は名称及び住所

(3) 無線局の種別

(4) 無線局の目的（主たる目的及び従たる目的を有する無線局にあっては，その主従の区別を含む．）

(5)～(11) は省略

3 基幹放送局の免許状には，前項の規定にかかわらず，次に掲げる事項を記載しなければならない．←（第3項）

(1) 前項各号（基幹放送のみをする無線局の免許状にあっては，(5) を除く．）に掲げる事項

以下略

例えば，上記の「無線局の種別」は，電波法第14条第2項（3）と表記します．

 三陸特の試験では，条文の出所は直接必要ではありませんが，インターネットで電波法などの法令を検索できますので，参考として掲載しています．

1.4 用語の定義

用語の定義は電波法第2条で次のように規定されています.

電波法　第2条（定義）

(1)「電波」とは，300万MHz以下の周波数の電磁波をいう.

> 300万MHzの周波数 f は，$f = 3 \times 10^{12}$ Hz のことです．電波の波長を λ〔m〕とすると，電波の速度 c は，$c = 3 \times 10^8$ m/s ですので，$\lambda = c/f = (3 \times 10^8)/(3 \times 10^{12}) = 10^{-4}$ m となります．すなわち，波長が 0.1 mm より長い電磁波が電波ということになります．

(2)「無線電信」とは，電波を利用して，符号を送り，又は受けるための通信設備をいう.

(3)「無線電話」とは，電波を利用して，音声その他の音響を送り，又は受けるための通信設備をいう.

(4)「無線設備」とは，無線電信，無線電話その他電波を送り，又は受けるための電気的設備をいう.

(5)「無線局」とは，**無線設備及び無線設備の操作を行う者の総体**をいう．ただし，受信のみを目的とするものを含まない.

> 「無線局」は物的要素である「無線設備」と，人的要素である「無線設備の操作を行う者」の総体をいいます．「無線設備」というハードウェアがあっても，操作を行う人がいないと「無線局」とはいいません.

(6)「無線従事者」とは，**無線設備の操作又はその監督を行う者**であって，**総務大臣の免許**を受けたものをいう.

1章

問題 2 ★ ➡ 1.4

「無線局」の定義として，正しいものはどれか．次のうちから選べ．

1 免許人及び無線設備を管理する者の総体をいう．

2 無線設備及び無線設備の操作の監督を行う者の総体をいう．

3 無線設備及び無線従事者の総体をいう．ただし，発射する電波が著しく微弱で総務省令で定めるものを含まない．

4 無線設備及び無線設備の操作を行う者の総体をいう．ただし，受信のみを目的とするものを含まない．

解説 電波法第 2 条（5）で，「無線局とは，**無線設備及び無線設備の操作を行う者の総体をいう．ただし，受信のみを目的とするものを含まない**」と規定されています．

答え▶▶▶ 4

問題 3 ★★★ ➡ 1.4

「無線従事者」の定義として，正しいものはどれか．次のうちから選べ．

1 無線局に配置された者をいう．

2 無線従事者国家試験に合格した者をいう．

3 無線設備の操作を行う者であって，無線局に配置された者をいう．

4 無線設備の操作又はその監督を行う者であって，総務大臣の免許を受けたものをいう．

解説 電波法第 2 条（6）で，「無線従事者とは，**無線設備の操作又はその監督を行う者であって，総務大臣の免許を受けたものをいう**」と規定されています．

答え▶▶▶ 4

出題傾向 用語の定義で出題されているのは，「無線局」と「無線従事者」です．

2章 無線局の免許

この章から **2〜3** 問出題

無線局を開設するには総務大臣の免許が必要です．本章では，無線局の免許を得るために必要な手続，免許状の有効期間や再免許など，免許を得た後に必要な事項を学びます．

2.1 無線局の開設と免許

無線局は自分勝手に開設することはできません．無線局を開設しようとする者は総務大臣の免許を受けなければなりません．免許がないのに無線局を開設したり，又は運用した者は，1年以下の懲役又は100万円以下の罰金に処せられます．ただし，発射する電波が著しく微弱な場合など，一定の範囲の無線局においては免許を受けなくてもよい場合もあります．

> 無線設備やアンテナを設置し，容易に電波を発射できる状態にある場合は無線局を開設したとみなされますので注意が必要です．

★★ 重要 | 2.1.1 無線局の免許

電波法 第4条（無線局の開設）

無線局を開設しようとする者は，総務大臣の免許を受けなければならない．ただし，次の各号に掲げる無線局については，この限りでない．

(1) 発射する電波が著しく微弱な無線局で総務省令[*1]で定めるもの

(2) 26.9 MHz から 27.2 MHz までの周波数の電波を使用し，かつ，空中線電力が 0.5 W 以下である無線局のうち総務省令[*2]で定めるものであって，適合表示無線設備のみを使用するもの

(2) は市民ラジオの無線局が該当します．

〔*1　電波法施行規則第6条（免許を要しない無線局）第1項〕

〔*2　電波法施行規則第6条第3項〕

(3) 空中線電力が 1 W 以下である無線局のうち総務省令[*3]で定めるものであって，指定された呼出符号又は呼出名称を自動的に送信し，又は受信する機能その他総務省令[*4]で定める機能を有することにより他の無線局にその運用を阻害するような混信その他の妨害を与えないように運用することができるもので，かつ，適合表示無線設備（電波法で定める技術基準に適合していることを証する表示が付された無線設備）のみを使用するもの

〔*3　電波法施行規則第6条第4項〕

〔*4　電波法施行規則第6条の2，無線設備規則第9条の4（混信防止機能）〕

（3）はコードレス電話の無線局，特定小電力無線局，小電力セキュリティシステムの無線局，小電力データシステムの無線局，デジタルコードレス電話の無線局，PHS の陸上移動局などが該当します.

（4）登録局（総務大臣の登録を受けて開設する無線局）

2
章

無線局を開設しようとする者は，総務大臣の免許を受けなければなりません.

2.1.2　無線局の免許の欠格事由

　電波法第 5 条で「日本の国籍を有しない人などは，無線局の免許を申請しても免許は与えられない」と規定されています．電波は限られた希少な資源です．周波数も逼迫しており，日本国民の需要を満たすのも充分ではなく，外国人に免許を与える余裕はありません.

（1）絶対的欠格事由（外国性の排除）

電波法　第 5 条（欠格事由）第 1 項

　次の（1）～（4）のいずれかに該当する者には，無線局の免許を与えない.
（1）日本の国籍を有しない人
（2）外国政府又はその代表者
（3）外国の法人又は団体
（4）法人又は団体であって，（1）から（3）に掲げる者がその代表者であるもの又はこれらの者がその役員の 3 分の 1 以上若しくは議決権の 3 分の 1 以上を占めるもの

（2）絶対的欠格事由の例外

電波法　第 5 条（欠格事由）第 2 項

　電波法第 5 条第 1 項の規定は，次に掲げる無線局については，適用しない.
（1）実験等無線局（科学若しくは技術の発達のための実験，電波の利用の効率性に関する試験又は電波の利用の需要に関する調査に専用する無線局をいう.）
（2）アマチュア無線局（個人的な興味によって無線通信を行うために開設する無線局をいう.）

(3) 船舶の無線局（船舶安全法第 29 条ノ 7（非日本船舶への準用）に規定する船舶に開設するもの）

(4) 航空機の無線局（航空機に開設する無線局のうち，航空法第 127 条ただし書の許可を受けて本邦内の各地間の航空の用に供される航空機に開設するもの）

(5) 特定の固定地点間の無線通信を行う無線局（実験等無線局，アマチュア無線局，大使館，公使館又は領事館の公用に供するもの及び電気通信業務を行うことを目的とするものを除く.）

(6) 大使館，公使館又は領事館の公用に供する無線局（特定の固定地点間の無線通信を行うものに限る.）であって，その国内において日本国政府又はその代表者が同種の無線局を開設することを認める国の政府又はその代表者の開設するもの

(7) 自動車その他の陸上を移動するものに開設し，若しくは携帯して使用するために開設する無線局又はこれらの無線局若しくは携帯して使用するための受信設備と通信を行うために陸上に開設する移動しない無線局（電気通信業務を行うことを目的とするものを除く.）

(8) 電気通信業務を行うことを目的として開設する無線局

(9) 電気通信業務を行うことを目的とする無線局の無線設備を搭載する人工衛星の位置，姿勢等を制御することを目的として陸上に開設する無線局

(3) 相対的欠格事由

電波法　第 5 条（欠格事由）第 3 項

次の (1)〜(4) のいずれかに該当する者には，無線局の免許を与えないことができる.

(1) 電波法又は放送法に規定する罪を犯し**罰金以上の刑に処せられ，その執行を終わり，又はその執行を受けることがなくなった日から 2 年を経過しない者**

(2) 無線局の免許の取消しを受け，その取消しの日から 2 年を経過しない者

(3) 電波法第 27 条の 16 第 1 項（第 1 号を除く.）又は第 2 項（第 4 号及び第 5 号を除く.）の規定により認定の取消しを受け，その取消しの日から 2 年を経過しない者

(4) 無線局の登録の取消しを受け，その取消しの日から 2 年を経過しない者

 無線局の免許の欠格事由には，絶対的欠格事由（外国性の排除）と相対的欠格事由（反社会性の排除）があります.

関連知識 無線局の免許の申請とその後

総務大臣は無線局の免許申請を受理したときは，その申請を審査します．審査した結果，その申請が規定に適合していると認めるときは，申請者に予備免許を与えます．予備免許を受けた者は，工事落成後，総務大臣に工事落成届を提出し，その無線設備等について検査（新設検査）を受け，その無線設備，無線従事者の資格及び員数，時計及び書類などが電波法令に合致していれば，無線局免許が与えられます．

問題 1 ★★ → 2.1.2

無線局の免許を与えられないことがある者はどれか．次のうちから選べ．

1 電波法に規定する罪を犯し罰金以上の刑に処せられ，その執行を終わった日から 2 年を経過しない者

2 無線局の免許の取消しを受け，その取消しの日から 5 年を経過しない者

3 無線局を廃止し，その廃止の日から 2 年を経過しない者

4 無線局の運用の停止の命令を受け，その命令の期間の終了の日から 6 箇月を経過しない者

解説 無線局の免許を与えないこととして，電波法第 5 条第 3 項（1）に「**電波法又は放送法に規定する罪を犯し罰金以上の刑に処せられ，その執行を終わり，又はその執行を受けることがなくなった日から 2 年を経過しない者**」と規定されています．

答え▶▶▶ 1

出題傾向 免許を与えられないことがある者を選ぶ問題として，電波法第 5 条第 3 項（1）「電波法又は放送法に規定する罪を犯し罰金以上の刑に処せられ，その執行を終わり，又はその執行を受けることがなくなった日から 2 年を経過しない者」のみが出題されています．

2.2 免許の有効期間と再免許

2.2.1 免許の有効期間

無線局の免許の有効期間を次に示します．

電波法 第 13 条（免許の有効期間）第 1 項

免許の有効期間は，免許の日から起算して **5 年**を超えない範囲内において総務省令（*）で定める．ただし，再免許を妨げない．

〔*電波法施行規則第 7 条～第 9 条〕

電波法施行規則　第7条（免許等の有効期間）

　電波法第13条第1項の総務省令で定める免許の有効期間は，次の各号に掲げる無線局の種別に従い，それぞれ当該各号に定めるとおりとする．

（1）地上基幹放送局（臨時目的放送を専ら行うものに限る．）

　→当該放送の目的を達成するために必要な期間

（2）地上基幹放送試験局　→2年

（3）衛星基幹放送局（臨時目的放送を専ら行うものに限る．）

　→当該放送の目的を達成するために必要な期間

（4）衛星基幹放送試験局　→2年

（5）特定実験試験局（総務大臣が公示する周波数，当該周波数の使用が可能な地域及び期間並びに空中線電力の範囲内で開設する実験試験局をいう．）

　→当該周波数の使用が可能な期間

（6）実用化試験局　→2年

（7）その他の無線局　→5年

免許の有効期間は，免許の日から起算して5年を超えない範囲内において総務省令で定められています．

★★★ 超重要 ▌**2.2.2　再免許**

　再免許は，無線局の免許の有効期間満了と同時に，今までと同じ免許内容で新たに免許することです．再免許の申請は次のように行います．

自動車の免許は「更新」といいますが，無線局の場合は「再免許」といいます．

無線局免許手続規則　第16条（再免許の申請）第1項〈改変〉

　再免許を申請しようとするときは，所定の事項を記載した申請書を総務大臣又は総合通信局長に提出して行わなければならない．

無線局免許手続規則 第18条（申請の期間）第1項

再免許の申請は，アマチュア局（人工衛星等のアマチュア局を除く.）にあっては免許の有効期間満了前1箇月以上1年を超えない期間，特定実験試験局にあっては免許の有効期間満了前1箇月以上3箇月を超えない期間，その他の無線局にあっては免許の有効期間満了前**3箇月以上6箇月を超えない期間**において行わなければならない．ただし，免許の有効期間が1年以内である無線局については，その有効期間満了前1箇月までに行うことができる.

再免許の申請は，(1)～(4)の無線局を除き，免許の有効期間満了前3箇月以上6箇月を超えない期間において行わなければなりません．(1) アマチュア局，(2) 特定実験試験局，(3) 免許の有効期間が1年以内の無線局，(4) 免許の有効期間満了前1箇月以内に免許を与えられた無線局.

問題 2 ★　　　　　　　　　　　　　　　　　　　→ 2.2.1

再免許を受けた基地局の免許の有効期間は，次のどれか.

1　無期限　　2　5年　　3　4年　　4　3年

答え ▶▶▶ 2

問題 3 ★★★　　　　　　　　　　　　　　　　　→ 2.2.2

陸上移動業務の無線局（免許の有効期間が1年以内であるものを除く.）の再免許の申請は，どの期間内に行わなければならないか．次のうちから選べ.

1　免許の有効期間満了前2箇月以上3箇月を超えない期間

2　免許の有効期間満了前2箇月まで

3　免許の有効期間満了前1箇月まで

4　免許の有効期間満了前3箇月以上6箇月を超えない期間

解説 　陸上移動業務の無線局の再免許の申請は，免許の有効期間満了前**3箇月以上6箇月を超えない期間**において行わなければなりません.

答え ▶▶▶ 4

問題 4 ★★ → 2.2.2

　固定局（免許の有効期間が1年以内であるものを除く.）の再免許の申請は, どの期間内に行わなければならないか. 次のうちから選べ.

1　免許の有効期間満了前1箇月まで
2　免許の有効期間満了前2箇月まで
3　免許の有効期間満了前2箇月以上3箇月を超えない期間
4　免許の有効期間満了前3箇月以上6箇月を超えない期間

解説 　固定局の再免許の申請は, 免許の有効期間満了前**3箇月以上6箇月を超えない期間**において行わなければなりません. なお, 「固定局」とは, 固定業務を行う無線局のことです.

答え▶▶▶ 4

2.3　免許状の記載事項

★★★ 超重要 2.3.1　免許状とは

電波法 第14条（免許状）第1項, 第2項

　総務大臣は, 免許を与えたときは, 免許状を交付する.

2　免許状には, 次に掲げる事項を記載しなければならない.

（1）免許の年月日及び免許の番号

（2）免許人（無線局の免許を受けた者をいう.）の氏名又は名称及び住所

（3）無線局の種別

（4）**無線局の目的**（主たる目的及び従たる目的を有する無線局にあっては, その主従の区別を含む.）

（5）**通信の相手方及び通信事項**

（6）**無線設備の設置場所**

（7）免許の有効期間

（8）識別信号

（9）電波の型式及び周波数

（10）空中線電力

（11）運用許容時間

2.3.2　簡易な免許手続

電波法　第 15 条（簡易な免許手続）

　再免許及び適合表示無線設備のみを使用する無線局その他総務省令で定める無線局の免許については，総務省令で定める簡易な手続によることができる．

問題 5　★★★　→ 2.3

無線局の免許状に記載される事項に該当しないものはどれか．次のうちから選べ．

1　通信の相手方及び通信事項
2　空中線の型式及び構成
3　無線設備の設置場所
4　無線局の目的

答え▶▶▶ 2

出題傾向　該当しないものとして「通信方式」を選ばせる問題も出題されています．

問題 6　★　→ 2.3

無線局の免許状に記載される事項はどれか．次のうちから選べ．

1　無線設備の設置場所
2　無線従事者の氏名
3　免許人の国籍
4　工事落成の期限

答え▶▶▶ 1

出題傾向　免許状に記載される事項の問題において，よく出題されている「無線局の目的」，「通信の相手方及び通信事項」「無線設備の設置場所」の 3 つを確実に覚えておきましょう．該当するものや該当しないものを選ぶ問題が出題されていますが，該当するものを選ぶ問題ではこの中のどれかを選び，該当しないものを選ぶ問題ではこの 3 つ以外のものを選びましょう．

2.4　免許状の訂正

> **電波法** 第 21 条（免許状の訂正）
>
> 　免許人は，免許状に記載した事項に変更を生じたときは，その**免許状を総務大臣に提出し，訂正を受けなければならない**．

> **無線局免許手続規則** 第 22 条（免許状の訂正）〈第 1 項改変，第 2 項省略〉
>
> 　免許人は，電波法第 21 条の免許状の訂正を受けようとするときは，所定の事項を記載した申請書を総務大臣又は総合通信局長に提出しなければならない．
> 3　第 1 項の申請があった場合において，総務大臣又は総合通信局長は，新たな免許状の交付による訂正を行うことがある．
> 4　総務大臣又は総合通信局長は，第 1 項の申請による場合のほか，職権により免許状の訂正を行うことがある．
> 5　免許人は，新たな免許状の交付を受けたときは，遅滞なく旧免許状を返さなければならない．

問題 7 ★★　　　　　　　　　　　　　　　　　　　　　　　　　**→ 2.4**

　無線局の免許人は，免許状に記載した事項に変更を生じたときはどうしなければならないか．次のうちから選べ．
1　直ちに，その旨を総務大臣に届け出る．
2　遅滞なく，その旨を総務大臣に報告する．
3　総務大臣に免許状の再交付を申請する．
4　免許状を総務大臣に提出し，訂正を受ける．

答え ▶ ▶ ▶ 4

2.5　免許内容の変更

　無線局を開局した後，免許内容を変更する場合があります．免許内容を変更する場合には，「免許人の意志で免許内容を変更する場合」と「監督権限によって免許内容を変更する場合」があります．

2.5.1 免許人の意志で免許内容を変更する場合

電波法 第17条（変更等の許可）第1項〈抜粋〉

　免許人は，無線局の目的，通信の相手方，通信事項，放送事項，放送区域，**無線設備の設置場所**若しくは基幹放送の業務に用いられる電気通信設備**を変更**し，又は無線設備の変更の工事をしようとするときは，あらかじめ**総務大臣の許可**を受けなければならない.

2.5.2 変更検査

電波法 第18条（変更検査）第1項

　電波法第17条第1項の規定により**無線設備の設置場所の変更又は無線設備の変更の工事の許可を受けた免許人は，総務大臣の検査を受け**，当該変更又は工事の結果が同条同項の許可の内容に適合していると認められた後でなければ，許可に係る**無線設備を運用してはならない**. ただし，総務省令^(*)で定める場合は，この限りではない.

〔＊電波法施行規則第10条の4（変更検査を要しない場合）〕

2.5.3 指定事項の変更

電波法 第19条（申請による周波数等の変更）

　総務大臣は，免許人又は電波法第8条の予備免許を受けた者が**識別信号**，電波の型式，周波数，空中線電力又は運用許容時間**の指定の変更を申請**した場合において，混信の除去その他特に必要があると認めるときは，その指定を変更することができる.

問題 8 ★★★　→2.5.1

　無線局の免許人があらかじめ総務大臣の許可を受けなければならないのはどの場合か. 次のうちから選べ.
1　無線局の運用を開始しようとするとき.
2　無線設備の設置場所を変更しようとするとき.
3　無線局の運用を休止しようとするとき.
4　無線局を廃止しようとするとき.

解説　無線設備の設置場所を変更しようとするときには総務大臣の許可が必要です.

答え▶▶▶ 2

出題傾向　問題の選択肢に「無線従事者を選任しようとするとき」が入る場合もありますが，この場合は届出なので，誤りです（4.2参照）.

関連知識　**申請と届出**

　「申請」とは，「求めに対して行政庁が審査し，許可・不許可の判断をするもの」，「届出」とは，「決められた事項を通知するだけで手続きが完結するもの」となります．つまり，申請の場合は，必ず結果（許可・不許可）が出ますので，申請に対する許可が下りて初めて手続きが完了となります．届出の場合は，必要書類等を提出した時点（窓口で受理された時点）で手続きが完了になります．

問題 9 ★★★　　　　　　　　　　　　　　　　　　　　　　　➡ 2.5.2

　無線局の無線設備の変更の工事の許可を受けた免許人は，総務省令で定める場合を除き，どのような手続をとった後でなければ，許可に係る無線設備を運用してはならないか．次のうちから選べ.

1　総務大臣の検査を受け，当該工事の結果が許可の内容に適合していると認められた後

2　当該工事の結果が許可の内容に適合している旨を総務大臣に届け出た後

3　運用開始の予定期日を総務大臣に届け出た後

4　工事が完了した後，その運用について総務大臣の許可を受けた後

解説　無線設備の無線設備の変更の工事の許可を受けた免許人は，総務大臣の検査を受け，**当該工事の結果が許可の内容に適合していると認められた後**でなければ，許可に係る無線設備を運用してはなりません.

答え▶▶▶ 1

問題 10 ★　　　　　　　　　　　　　　　　　　　　　　　　➡ 2.5.3

　無線局の免許人は，識別信号（呼出符号，呼出名称等をいう.）の指定の変更を受けようとするときは，どうしなければならないか．次のうちから選べ.

1　総務大臣に識別信号の指定の変更を届け出る.

2　あらかじめ総務大臣の指示を受ける.

3　総務大臣に免許状を提出し，訂正を受ける.

4　総務大臣に識別信号の指定の変更を申請する.

答え▶▶▶ 4

③章 無線設備

この章から **1** 問出題

無線設備は，「無線電信，無線電話その他電波を送り，又は受けるための電気的設備」とされています．具体的な設備としては，送信設備，受信設備，空中線系（アンテナ及び給電線），送受信装置を適切に動作させるために必要な付帯設備などで構成されています．本章では無線設備についてだけでなく，周波数の偏差及び幅や高調波の強度等，電波の質を満たすのに必要な技術的条件について学びます．

3.1 無線設備とは

★注意

　無線局は無線設備と無線設備を操作する者の総体ですので，無線設備は無線局を構成するのに必要不可欠です．

　無線設備は，「無線電信，無線電話その他電波を送り，又は受けるための電気的設備」ですが，実際の設備としては，送信設備，受信設備，空中線系（アンテナ及び給電線），送受信装置を適切に動作させるために必要な付帯設備などで構成されています．送信設備は送信機などの送信装置で構成されています．受信設備は受信機などの受信装置で構成されています．アンテナは送信用アンテナや受信用アンテナがありますが，送受信を1つのアンテナで共用する場合もあります．もちろん，送信機や受信機と空中線を接続する給電線も必要になります．給電線には同軸ケーブルや導波管などがあります．付帯設備には，安全施設，保護装置，周波数測定装置などがあります．

　無線設備は，免許を要する無線局はもちろん，免許を必要としない無線局も電波法で規定する技術的条件に適合するものでなければなりません．

　本章では，電波の質の重要性，様々な種類の空中線電力，送信設備の条件，受信設備の条件，空中線系の条件，付帯設備の条件などを学習します．

　無線設備は，電波法で以下のように定義されています．

> **電波法　第2条（定義）（4）**
>
> （4）「無線設備」とは，**無線電信，無線電話その他電波を送り，又は受けるための電気的設備**をいう．

問題 1　★　　　　　　　　　　　　　　　　　　　　→3.1

電波法に規定する無線設備の定義は，次のどれか．

1　無線電信，無線電話その他電波を送り，又は受けるための電気的設備をいう．

2　無線電信，無線電話その他電波を送るための通信設備をいう．

3　無線電信，無線電話その他の設備をいう．

4　電波を送るための電気的設備をいう．

答え ▶ ▶ ▶ 1

★★★
超重要　**3.2**　電波の型式の表示

電波法施行規則　第4条の2（電波の形式の表示）

　電波の主搬送波の変調の型式，主搬送波を変調する信号の性質及び伝送情報の型式は，**表 3.1 〜表 3.3** に掲げるように分類し，それぞれの記号をもって表示するものとする．

■表 3.1　主搬送波の変調の型式を表す記号

主搬送波の変調の型式		記　号
（1）無変調		N
（2）振幅変調	**両側波帯**	**A**
	全搬送波による単側波帯	H
	低減搬送波による単側波帯	R
	抑圧搬送波による単側波帯	J
	独立側波帯	B
	残留側波帯	C
（3）角度変調	**周波数変調**	**F**
	位相変調	G
（4）同時に，又は一定の順序で振幅変調及び角度変調を行うもの		D

■表3.1 つづき

主搬送波の変調の型式			記 号
(5) パルス変調	無変調パルス列		P
	変調パルス列		
		ア 振幅変調	K
		イ 幅変調又は時間変調	L
		ウ 位置変調又は位相変調	M
		エ パルスの期間中に搬送波を角度変調するもの	Q
		オ アからエまでの各変調の組合せ又は他の方法によって変調するもの	V
(6) (1) から (5) までに該当しないものであって，同時に，又は一定の順序で振幅変調，角度変調又はパルス変調のうちの2以上を組み合わせて行うもの			W
(7) その他のもの			X

■表3.2 主搬送波を変調する信号の性質を表す記号

主搬送波を変調する信号の性質		記 号
(1) 変調信号のないもの		0
(2) **デジタル信号である単一チャネルのもの**	変調のための副搬送波を使用しないもの	1
	変調のための副搬送波を使用するもの	**2**
(3) **アナログ信号である単一チャネルのもの**		**3**
(4) デジタル信号である2以上のチャネルのもの		7
(5) アナログ信号である2以上のチャネルのもの		8
(6) デジタル信号の1又は2以上のチャネルとアナログ信号の1又は2以上のチャネルを複合したもの		9
(7) その他のもの		X

3章

■表3.3　伝送情報の型式を表す記号

伝送情報の型式		記　号
(1)　無情報		N
(2)　電信	聴覚受信を目的とするもの	A
	自動受信を目的とするもの	B
(3)　ファクシミリ		C
(4)　データ伝送，遠隔測定又は遠隔指令		**D**
(5)　電話（音響の放送を含む.）		**E**
(6)　テレビジョン（映像に限る.）		F
(7)　(1) から (6) までの型式の組合せのもの		W
(8)　その他のもの		X

 電波の型式は，「主搬送波の変調の型式」，「主搬送波を変調する信号の性質」，「伝送情報の型式」の順に従って表示します.

例：

- **FM ラジオ放送や FM のアナログ式無線電話は「F3E」**
  （周波数変調でアナログ信号の単一チャネルの電話（音響の放送を含む））

- **F3E 無線機の選択呼出機能などは「F2D」**
  （周波数変調でデジタル信号の単一チャネルで副搬送波を使用するデータ伝送，遠隔測定又は遠隔指令）

- 中波 AM ラジオ放送や航空管制通信は「A3E」
  （両側波帯の振幅変調でアナログ信号の単一チャネルの電話（音響の放送を含む））

- FM ラジオ放送でステレオ放送を行っているときは「F8E」
  （周波数変調でアナログ信号である 2 チャネル以上の電話（音響の放送を含む））

- DMR（Digital Mobile Radio）無線システムは「F7E」
  （周波数変調でデジタル信号である 2 チャネル以上の電話（音響の放送を含む））

 電波の型式の表示に関する問題は，F2D や F3E など，上記の例に限られています.これらは覚えておきましょう.

問題 2 ★★★ → 3.2

電波の主搬送波の変調の型式が角度変調で周波数変調のもの，主搬送波を変調する信号の性質がアナログ信号である単一チャネルのものであって，伝送情報の型式が電話（音響の放送を含む.）の電波の型式を表示する記号はどれか．次のうちから選べ.

1　F3E　　2　A3E　　3　F7E　　4　F8E

解説 　主搬送波の変調の型式が角度変調で周波数変調→「F」，アナログ信号である単一チャネル→「3」，伝送情報の型式が電話→「E」です.

答え▶▶▶ 1

問題 3 ★ → 3.2

電波の主搬送波の変調の型式が角度変調で周波数変調のもの，主搬送波を変調する信号の性質がデジタル信号である単一チャネルのもの，変調のための副搬送波を使用するものであって，伝送情報の型式がデータ伝送，遠隔測定又は遠隔指令の電波の型式を表示する記号はどれか．次のうちから選べ.

1　F8E　　2　F7E　　3　F3C　　4　F2D

解説 　主搬送波の変調の型式が角度変調で周波数変調→「F」，デジタル信号である単一チャネル（副搬送波を使用）→「2」，伝送情報の型式がデータ伝送，遠隔測定又は遠隔指令→「D」です.

答え▶▶▶ 4

3 章

3.3　電波の質

電波の質は電波法で以下のように定義されています.

電波法　第 28 条（電波の質） ★★★ 超重要

　送信設備に使用する**電波の周波数の偏差及び幅，高調波の強度等**電波の質は，総務省令（無線設備規則第 5 条～第 7 条）で定めるところに適合するものでなければならない.

　電波の質（電波の周波数の偏差及び幅，高調波の強度等）は覚えておきましょう.

3.3.1　周波数の偏差

　送信装置から発射される電波の周波数は変動しないことが理想的です. 発射される電波の源は，通常，水晶発振器などの発振器で信号を発生させます. 精密に製作された水晶発振器だけではなく，たとえ原子発振器であっても時間が経過すると周波数はずれてくる性質があります. すなわち，発射している電波の周波数はずれ（偏差）を伴っていることになります. これを電波の**周波数の偏差**といいます.

3.3.2　周波数の幅

　送信装置から発射される電波は，情報を送るために変調されます. 変調されると，周波数に幅を持つことになり，この幅は変調の方式によって変化します. 1 つの無線局が広い「周波数の幅」を占有すると，多くの無線局が電波を使用することができなくなりますので，周波数の幅を必要最小限に抑える必要があり，**「空中線電力の 99％ が含まれる周波数の幅」**と定義されています.

3.3.3　高調波の強度等

　発射する電波は必然的に，電波の強度が弱いとはいえ，その周波数の 2 倍や 3 倍（これを高調波という）の周波数成分も発射していることになります. この「高調波の強度等」が定められた値以上に強いと他の無線局に妨害を与えることになります.

また，高調波成分だけでなく，他の不要な周波数成分も同時に発射している可能性もありますので，これらの不要発射について厳格な規制があります．

問題 4 ★★★　　　　　　　　　　　　　　　　　　　　　　→ 3.3

次の記述は，電波の質について述べたものである．電波法の規定に照らし，□□□内に入れるべき字句を下の番号から選べ．

送信設備に使用する電波の周波数の偏差及び幅，□□□電波の質は，総務省令で定めるところに適合するものでなければならない．

1　高調波の強度等
2　空中線電力の偏差等
3　変調度等
4　信号対雑音比等

解説　電波法第 28 条において，「送信設備に使用する電波の周波数の偏差及び幅，**高調波の強度等**電波の質は，総務省令で定めるところに適合するものでなければならない．」と規定されています．

答え▶▶▶ 1

出題傾向　下線の部分を穴埋めにした問題も出題されています．

問題 5 ★　　　　　　　　　　　　　　　　　　　　　　　→ 3.3

電波法に規定する電波の質に該当するものはどれか．次のうちから選べ．

1　信号対雑音比
2　電波の型式
3　周波数の偏差及び幅
4　変調度

解説　電波の質は，**周波数の偏差及び幅**，**高調波の強度等**です．

答え▶▶▶ 3

4章 無線従事者

この章から **3〜4** 問出題

無線局の無線設備を操作するには無線従事者でなければなりません．第三級陸上特殊無線技士の免許，操作可能な範囲，免許取得後の義務について学びます．

★★重要 4.1 無線従事者の定義

無線局の無線設備を操作するには，無線従事者の資格が必要です．無線従事者は次のように定義されています．

> **電波法 第2条（定義）(6)**
>
> 「無線従事者」とは，**無線設備の操作又はその監督を行う者であって，総務大臣の免許を受けたもの**をいう．

一方，コードレス電話機のように電波の出力が弱い無線設備などは誰でも無許可で使えます．このように「無線従事者」でなくても操作可能な無線設備もあります．この章では，第三級陸上特殊無線技士の国家試験で出題される無線従事者に関する範囲を中心に学びます．

関連知識 通信操作と技術操作
無線設備の操作には「通信操作」と「技術操作」があります．「通信操作」はマイクロフォン，キーボード，電鍵（モールス電信）などを使用して通信を行うために無線設備を操作することをいいます．「技術操作」は通信や放送が円滑に行われるように，無線機器などを調整することをいいます．

★★★超重要 4.2 主任無線従事者

無線従事者でない者は無線設備の操作はできませんが，無線局の無線設備の操作の監督を行う**主任無線従事者**として選任されている者の監督を受けることにより，無線設備の操作が可能になります（アマチュア無線局は除く）．しかし，モールス符号の送受信を行う無線電信の操作，船舶局などの通信操作で遭難通信，緊急通信，安全通信などは無線従事者でなければ行うことはできません．

主任無線従事者を選任もしくは解任した場合は，遅滞なくその旨を所定の様式により総務大臣に届け出なくてはいけません．なお，**無線従事者を選任又は解任した場合も同様**です（電波法第39条に規定）．

免許人等は，主任無線従事者を選任したときは，当該主任無線従事者に，選任

の日から 6 箇月以内に無線設備の操作の監督に関し総務大臣の行う講習を受けさせなければなりません．

主任無線従事者講習の科目は，「無線設備の操作の監督」及び「最新の無線工学」で講習時間は 6 時間です．主任無線従事者は無資格者に無線設備の操作をさせることができることから受講を義務化しています．

問題 1 ★★★ ➡ 4.2

無線局の免許人は，無線従事者を選任し，又は解任したときは，どうしなければならないか．次のうちから選べ．

1　遅滞なく，その旨を総務大臣に届け出る．
2　1 箇月以内にその旨を総務大臣に報告する．
3　2 週間以内にその旨を総務大臣に届け出る．
4　速やかに総務大臣の承認を受ける．

解説　電波法第 39 条において，「無線従事者を選解任したときは，**遅滞なく，その旨を総務大臣に届け出**なければならない」と規定されています．

答え▶▶▶ 1

問題 2 ★ ➡ 4.2

無線局の免許人は，主任無線従事者を選任し，又は解任したときは，どうしなければならないか．次のうちから選べ．

1　速やかに総務大臣の承認を受ける．
2　遅滞なく，その旨を総務大臣に届け出る．
3　2 週間以内にその旨を総務大臣に届け出る．
4　1 箇月以内にその旨を総務大臣に報告する．

解説　無線従事者と同様，主任無線従事者を選解任したときも**遅滞なく，その旨を総務大臣に届け出**なければいけません．

答え▶▶▶ 2

4.3　無線従事者の資格と操作範囲

無線従事者の資格は電波法第 40 条にて，（1）総合無線従事者，（2）海上無線従事者，（3）航空無線従事者，（4）陸上無線従事者，（5）アマチュア無線従事

者の5系統に分類され，17区分の資格が定められています．また，電波法施行令第2条にて，海上，航空，陸上の3系統の特殊無線技士は，更に9資格に分けられています．

第三級陸上特殊無線技士の操作の範囲を**表4.1**に示します．

■表4.1　第三級陸上特殊無線技士の操作範囲

陸上の無線局の無線設備（レーダー及び人工衛星局の中継により無線通信を行う無線局の多重無線設備を除く．）で次に掲げるものの外部の転換装置で電波の質に影響を及ぼさないものの技術操作．
(1) 空中線電力 50 W 以下の無線設備で 25 010 kHz から 960 MHz までの周波数の電波を使用するもの
(2) 空中線電力 100 W 以下の無線設備で 1 215 MHz 以上の周波数の電波を使用するもの

　三陸特の資格ではレーダーの操作はできません．

出題傾向　第三級陸上特殊無線技士の操作範囲に関する問題は度々出題されていますので覚えておきましょう．

問題❸ ★★★　　　　　　　　　　　　　　　　　　→ 4.3

第三級陸上特殊無線技士の資格を有する者が，陸上の無線局の空中線電力 50 W 以下の無線設備（レーダー及び人工衛星局の中継により無線通信を行う無線局の多重無線設備を除く．）の外部の転換装置で電波の質に影響を及ぼさないものの技術操作を行うことができる周波数の電波はどれか．次のうちから選べ．

1　1 606.5 kHz から 4 000 kHz まで
2　4 000 kHz から 25 010 kHz まで
3　25 010 kHz から 960 MHz まで
4　960 MHz から 1 215 MHz まで

解説　空中線電力 50 W 以下では，**25 010 kHz から 960 MHz** までです．

答え▶▶▶3

問題 4 ★ → 4.3

第三級陸上特殊無線技士の資格を有する者が，陸上の無線局の空中線電力 100 W
以下の無線設備（レーダー及び人工衛星局の中継により無線通信を行う無線局の多
重無線設備を除く.）の外部の転換装置で電波の質に影響を及ぼさないものの技術
操作を行うことができる周波数の電波はどれか．次のうちから選べ.

1　21 MHz 以上
2　1 215 MHz 以上
3　4 000 kHz から 25 010 kHz まで
4　25 010 kHz から 960 MHz まで

解説　空中線電力 100 W 以下では，**1 215 MHz 以上**です.

答え▶▶▶ 2

4 章

問題 5 ★★★ → 4.3

第三級陸上特殊無線技士の資格を有する者が，陸上の無線局の 1 215 MHz 以上
の周波数の電波を使用する無線設備（レーダー及び人工衛星局の中継により無線通
信を行う無線局の多重無線設備を除く.）の外部の転換装置で電波の質に影響を及
ぼさないものの技術操作を行うことができるのは，空中線電力何 W 以下のものか.
次のうちから選べ.

1　10 W　　2　25 W　　3　100 W　　4　250 W

答え▶▶▶ 3

問題 6 ★★ → 4.3

第三級陸上特殊無線技士の資格を有する者が，陸上の無線局の 25 010 kHz から
960 MHz までの周波数の電波を使用する無線設備（レーダー及び人工衛星局の中
継により無線通信を行う無線局の多重無線設備を除く.）の外部の転換装置で電波
の質に影響を及ぼさないものの技術操作を行うことができるのは，空中線電力何 W
以下のものか．次のうちから選べ.

1　500 W　　2　100 W　　3　50 W　　4　25 W

答え▶▶▶ 3

4.4　無線従事者の免許

4.4.1　無線従事者免許の取得方法

　無線従事者の免許を取得するには，「無線従事者国家試験に合格する」，「養成課程を受講して修了する」，「学校で必要な科目を修めて卒業する」，「認定講習を修了する」の四つの方法がありますが，短期間で第三級陸上特殊無線技士の免許を取得するには，国家試験に合格するか養成課程を修了する必要があります．

4.4.2　第三級陸上特殊無線技士の国家試験

　第三級陸上特殊無線技士の国家試験の試験科目は，「無線工学」と「法規」の2科目で科目合格はありません（1回の試験で2科目すべてに合格する必要があります）．令和4年からコンピュータを利用したCBT（Computer Based Testing）方式に変わり，年間を通じて受験可能となりました．

　問題数，1問の配点，満点，合格点，試験時間は**表4.2**のようになっています．

■表4.2　第三級陸上特殊無線技士の国家試験の試験科目と合格基準

試験科目	問題数	1問の配点	満　点	合格点	試験時間
無線工学	12	5	60	40	1時間
法規	12	5	60	40	

4.4.3　第三級陸上特殊無線技士の試験範囲

　第三級陸上特殊無線技士の「無線工学」と「法規」の試験範囲は次のようになっています．

（1）無線工学

　無線設備の取扱方法（空中線系及び無線機器の機能の概念を含む．）

（2）法規

　電波法及びこれに基づく命令の簡略な概要

4.5 無線従事者免許証

4.5.1 免許の申請

免許を受けようとする者は，所定の様式の申請書に次に掲げる書類を添えて，総務大臣又は総合通信局長に提出します．

① 氏名及び生年月日を証する書類（住民票など．住民票コード又は他の無線従事者免許証等の番号を記載すれば不要）

② 医師の診断書（総務大臣又は総合通信局長が必要と認めるときに限る）

③ 写真（申請前6月以内に撮影した無帽，正面，上三分身，無背景の縦30 mm，横24 mmのもので，裏面に申請に係る資格及び氏名を記載したもの）1枚

また，養成課程により免許を申請する場合は，養成課程の修了証明書等が必要になります．

4.5.2 免許を与えられない者

次のいずれかに該当する者には，無線従事者の免許が与えられないことがあります．

> **電波法 第42条（免許を与えない場合）**
>
> 次の(1)〜(3)のいずれかに該当する者に対しては，無線従事者の免許を与えないことができる．
> (1) 電波法上の罪を犯し罰金以上の刑に処せられ，その執行を終わり，又はその執行を受けることがなくなった日から**2年**を経過しない者
> (2) 無線従事者の免許を取り消され，取消しの日から**2年**を経過しない者
> (3) 著しく心身に欠陥があって無線従事者たるに適しない者

4.5.3 無線従事者免許証の交付

> **無線従事者規則 第47条（免許証の交付）**
>
> 総務大臣又は総合通信局長は，免許を与えたときは，免許証を交付する．
> 2 前項の規定により免許証の交付を受けた者は，無線設備の操作に関する知識及び技術の向上を図るように努めなければならない．

4.5.4　無線従事者免許証の携帯

> **電波法施行規則**　第38条（備付けを要する業務書類）第10項
>
> 10　無線従事者は，その業務に従事しているときは，免許証を**携帯**していなければならない．

4.5.5　無線従事者免許証の再交付

> **無線従事者規則**　第50条（免許証の再交付）
>
> 　無線従事者は，氏名に変更を生じたとき又は免許証を汚し，破り，若しくは失ったために免許証の再交付を受けようとするときは，所定の申請書に次に掲げる書類を添えて総務大臣又は総合通信局長に提出しなければならない．
> 　（1）免許証（免許証を失った場合を除く．）
> 　（2）写真1枚
> 　（3）氏名の変更の事実を証する書類（氏名に変更を生じたときに限る．）

4.5.6　無線従事者免許証の返納

> **無線従事者規則**　第51条（免許証の返納）
>
> 　無線従事者は，**免許の取消しの処分を受けたときは，その処分を受けた日から10日以内にその免許証を総務大臣又は総合通信局長に返納**しなければならない．**免許証の再交付を受けた後失った免許証を発見したときも同様**とする．
> 2　無線従事者が死亡し，又は失そうの宣告を受けたときは，戸籍法による死亡又は失そう宣告の届出義務者は，遅滞なく，その免許証を総務大臣又は総合通信局長に返納しなければならない．

問題 7 ★★　　　　　　　　　　　　　　　　　　　→ 4.5.2

　総務大臣が無線従事者の免許を与えないことができる者はどれか．次のうちから選べ．

　1　刑法に規定する罪を犯し罰金以上の刑に処せられ，その執行が終わり，又はその執行を受けることがなくなった日から2年を経過しない者

　2　無線従事者の免許を取り消され，取消しの日から2年を経過しない者

　3　無線従事者の免許を取り消され，取消しの日から5年を経過しない者

　4　日本の国籍を有しない者

解説　1　×　「**刑法**」ではなく，正しくは「**電波法**」です．
3　×　「**5年**」ではなく，正しくは「**2年**」です．
4　×　無線従事者免許は国籍に関係なく試験に受かれば誰でも取得できます．

答え▶▶▶ 2

問題 8 ★★★　　　　　　　　　　　　　　　　　　→ 4.5.2

　総務大臣が無線従事者の免許を与えないことができる者は，無線従事者の免許を取り消され，取消しの日からどれほどの期間を経過しないものか．次のうちから選べ．

　1　6箇月　　2　1年　　3　2年　　4　1年6箇月

解説　取消しの日から**2年**を経過しない者です．

答え▶▶▶ 3

問題 9 ★★　　　　　　　　　　　　　　　　　　　→ 4.5.4

　次の記述は，無線従事者の免許証について述べたものである．電波法施行規則の規定に照らし，　　　　内に入れるべき字句を下の番号から選べ．

　無線従事者は，その業務に従事しているときは，免許証を　　　　していなければならない．

　1　通信室に掲示　　2　無線局に保管　　3　免許人に預託　　4　携帯

解説　業務に従事しているときは，免許証を**携帯**していなければいけません．

答え▶▶▶ 4

　　無線従事者免許証と無線局免許状を混同しないようにしましょう．

問題 10　★★★　　　　　　　　　　　　　　　　　　　　→4.5.6

　無線従事者は，免許証を失ったためにその再交付を受けた後，失った免許証を発見したときは，発見した日から何日以内にその免許証を総務大臣に返納しなければならないか．次のうちから選べ．

1　7日　　2　10日　　3　14日　　4　30日

解説　再交付を受けた後，紛失した免許証を発見したときは，**10日**以内に返納しなければいけません．

答え▶▶▶　2

問題 11　★★　　　　　　　　　　　　　　　　　　　　　→4.5.6

　無線従事者は，免許証を失ったためにその再交付を受けた後，失った免許証を発見したときはどうしなければならないか．次のうちから選べ．

1　発見した日から10日以内に発見した免許証を総務大臣に返納する．
2　発見した日から10日以内に再交付を受けた免許証を総務大臣に返納する．
3　発見した日から10日以内にその旨を総務大臣に届け出る．
4　速やかに発見した免許証を廃棄する．

解説　再交付を受けた後，紛失した免許証を発見したときは，**発見した免許証を総務大臣に返納**しなくてはいけません．

答え▶▶▶　1

問題 12　★　　　　　　　　　　　　　　　　　　　　　　→4.5.6

　無線従事者がその免許証を総務大臣に返納しなければならないのはどの場合か．次のうちから選べ．

1　5年以上無線設備の操作を行わなかったとき．
2　無線従事者の免許の取消しの処分を受けたとき．
3　無線通信の業務に従事することを停止されたとき．
4　無線従事者の免許を受けてから5年を経過したとき．

解説　免許証を返納するのは，免許の取消し処分を受けたときと問題 **11** のときです．
なお，無線従事者免許証は無線設備の操作を行わなくても一生涯有効です．

答え▶▶▶　2

5章 運 用

この章から **1** 問出題

電波は四方八方に拡がって伝わります．混信を避け無線局を能率良く運用するための通信方法が詳細に定められています．ここでは無線局を運用するために必要な基本的事項を学びます．

5.1 通 則

無線局は無線設備及び無線設備の操作を行う者の総体をいいます．無線局を運用することは，電波を送受信し通信を行うことです．電波は空間を四方八方に拡散して伝わるため，混信や他の無線局への妨害防止などを考慮する必要があります．無線局の運用を適切に行うことにより，電波を能率的に利用することができます．

電波法令は，無線局の運用の細目を定めていますが，すべての無線局に共通した事項と，それぞれ特有の業務を行う無線局（例えば，船舶局や標準周波数局など）ごとの事項が定められています．すべての無線局の運用に共通する事項を**表5.1**に示します．

■表5.1　すべての無線局の運用に共通する事項

（1）目的外使用の禁止（免許状記載事項の遵守）（電波法第52，53，54，55条）
（2）混信等の防止（電波法第56条）
（3）擬似空中線回路の使用（電波法第57条）
（4）通信の秘密の保護（電波法第59条）
（5）時計，業務書類等の備付け（電波法第60条）
（6）無線局の通信方法（電波法第58，61条，無線局運用規則全般）
（7）無線設備の機能の維持（無線局運用規則第4条）
（8）非常の場合の無線通信（電波法第74条）

★★ 重要 5.1.1　目的外使用の禁止（免許状記載事項の遵守）

無線局は**免許状**に記載されている範囲内で運用しなければなりません．ただし，「遭難通信」「緊急通信」「安全通信」「非常通信」などを行う場合は，免許状に記載されている範囲を超えて運用することができます．

電波法　第52条（目的外使用の禁止等）

無線局は，**免許状**に記載された目的又は通信の相手方若しくは通信事項（特定地上基幹放送局については放送事項）の範囲を超えて運用してはならない．ただし，

次に掲げる通信については，この限りでない．
(1) 遭難通信（船舶又は航空機が重大かつ急迫の危険に陥った場合に遭難信号を前置する方法その他総務省令で定める方法により行う無線通信をいう．）

遭難信号は「MAYDAY（メーデー）」又は「遭難」です．

(2) 緊急通信（船舶又は航空機が重大かつ急迫の危険に陥るおそれがある場合その他緊急の事態が発生した場合に緊急信号を前置する方法その他総務省令で定める方法により行う無線通信をいう．）

緊急信号は「PAN PAN（パン パン）」又は「緊急」です．

(3) 安全通信（船舶又は航空機の航行に対する重大な危険を予防するために安全信号を前置する方法その他総務省令で定める方法により行う無線通信をいう．）

安全信号は「SECURITE（セキュリテ）」又は「警報」です．

(4) 非常通信（地震，台風，洪水，津波，雪害，火災，暴動その他非常の事態が発生し，又は発生するおそれがある場合において，有線通信を利用することができないか又はこれを利用することが著しく困難であるときに人命の救助，災害の救援，交通通信の確保又は秩序の維持のために行われる無線通信をいう．）
(5) 放送の受信
(6) その他総務省令で定める通信

　無線局を運用する場合（ただし遭難通信を除く），無線設備の設置場所，識別信号，電波の型式及び周波数は，免許状等に記載されたところによらなければならず，空中線電力は，「免許状等に記載されたものの範囲内」，「通信を行うため必要最小のもの」である必要があります．

★★重要 5.1.2　混信等の防止

　混信とは，他の無線局の正常な業務の運行を妨害する電波の発射，輻射又は誘導をいいます．この混信は，無線通信業務で発生するものに限定されており，送電線や高周波設備などから発生するものは含みません．
　無線局は，他の無線局又は電波天文業務（宇宙から発する電波の受信を基礎とする天文学のための当該電波の受信の業務）用の受信設備など，総務大臣が指定

するものにその運用を阻害するような混信その他の妨害を与えないように運用しなければなりません．ただし，遭難通信，緊急通信，安全通信，非常通信については，この限りではありません．

5.1.3 擬似空中線回路の使用

擬似空中線回路とは，アンテナと等価な抵抗，インダクタンス，キャパシタンスを有し，送信機のエネルギーを消費させる回路のことです．エネルギー（電波）を空中に放射しないので，他の無線局を妨害せずに無線機器などの試験や調整を行うことができます．

> **電波法　第 57 条（擬似空中線回路の使用）**
> 　無線局は，次に掲げる場合には，なるべく擬似空中線回路を使用しなければならない．
> （1）無線設備の機器の**試験又は調整**を行うために運用するとき．
> （2）実験等無線局を運用するとき．
>
> 　「実験等無線局」とは，科学若しくは技術の発達のための実験，電波利用の効率性に関する試験又は電波の利用の需要に関する調査に専用する無線局のことをいいます．

5.1.4 通信の秘密の保護

> **電波法　第 59 条（秘密の保護）**
> 　何人も法律に別段の定めがある場合を除くほか，**特定の相手方に対して行われる無線通信**を傍受してその存在若しくは内容を漏らし，又はこれを窃用してはならない．
>
> 　「法律に別段の定めがある場合」とは，犯罪捜査などが該当します．「傍受」は自分宛ではない通信を積極的意思を持って受信することです．「窃用」は，無線通信の秘密をその無線通信の発信者又は受信者の意思に反して，自分又は第三者のために利用することをいいます．

このように，電波法で通信の秘密が保護されています．また，電波法第 109 条にて罰則が規定されています．

5章

> **電波法 第109条（罰則）**
>
> 　無線局の取扱中に係る無線通信の秘密を漏らし，又は窃用した者は，1年以下の懲役又は50万円以下の罰金に処する．
> 　2　無線通信の業務に従事する者がその業務に関し知り得た前項の秘密を漏らし，又は窃用したときは，2年以下の懲役又は100万円以下の罰金に処する．

▌5.1.5　無線局の通信方法

　無線局の運用において，通信方法を統一することは，無線局の能率的な運用にかかせません．

　無線局の呼出し又は応答の方法その他の通信方法，時刻の照合並びに救命艇の無線設備及び方位測定装置の調整その他無線設備の機能を維持するために必要な事項の細目は，総務省令で定められています．

▌5.1.6　無線設備の機能の維持

　総務省令で定める送信設備には，その誤差が使用周波数の許容偏差の1/2以下である周波数測定装置を備えつけなければならないとされていますが，「26.175 MHzを超える周波数の電波を利用するもの」や「空中線電力が10 W以下のもの」の小電力の無線局などは除外されています．

▌5.1.7　非常の場合の無線通信

> **電波法 第74条（非常の場合の無線通信）**
>
> 　総務大臣は，地震，台風，洪水，津波，雪害，火災，暴動その他非常の事態が発生し，又は発生するおそれがある場合においては，人命の救助，災害の救援，交通通信の確保又は秩序の維持のために必要な通信を無線局に行わせることができる．
> 　2　総務大臣が前項の規定により無線局に通信を行わせたときは，国は，その通信に要した実費を弁償しなければならない．

関連知識　非常の場合の無線通信と非常通信

「非常の場合の無線通信」と5.1.1の「非常通信」は似ていますが，異なるものです．「非常の場合の無線通信」は総務大臣の命令で行わせることに対し，「非常通信」は無線局の免許人の判断で行うものです．混同しないようにして下さい．

問題 1 ★★★　→5.1.1

　無線局を運用する場合においては，遭難通信を行う場合を除き，電波の型式及び周波数は，どの書類に記載されたところによらなければならないか．次のうちから選べ．

1　免許状　　　2　無線局事項書の写し

3　免許証　　　4　無線局の免許の申請書の写し

解説　無線局を運用する場合，無線設備の設置場所，識別番号，電波の型式及び周波数は**免許状**に記載されたところによらなければなりません．

答え▶▶▶ 1

問題 2 ★★　→5.1.3

　次の記述は，擬似空中線回路の使用について述べたものである．電波法の規定に照らし，□□□内に入れるべき字句を下の番号から選べ．

　無線局は，無線設備の機器の□□□又は調整を行うために運用するときには，なるべく擬似空中線回路を使用しなければならない．

1　開発　　　2　試験　　　3　調査　　　4　研究

解説　なるべく擬似空中線回路を使用しなくてはならないのは，「無線設備の機器の**試験**又は調整を行うために運用するとき」です．このほかに，「実験等無線局を運用するとき」があります．

答え▶▶▶ 2

問題 3 ★　→5.1.4

　次の記述は，秘密の保護について述べたものである．電波法の規定に照らし，□□□内に入れるべき字句を下の番号から選べ．

　何人も法律に別段の定めがある場合を除くほか，□□□を傍受してその存在若しくは内容を漏らし，又はこれを窃用してはならない．

1　特定の相手方に対して行われる無線通信

2　特定の相手方に対して行われる暗語による無線通信

3　総務省令で定める周波数を使用して行われる無線通信

4　総務省令で定める周波数を使用して行われる暗語による無線通信

解説　「傍受」とは自分宛でない通信を積極的の意思で聴くことを意味します．

答え▶▶▶ 1

★★★
超重要 **5.2　無線通信の原則**

　無線通信の原則は，国際法である「無線通信規則」（国内法の無線局運用規則と混同しないように注意）の「無線局からの混信」，「局の識別」の規定より定められました．電波法第 1 条の「電波の能率的な利用」に係わってくる内容です．

　無線通信の原則は無線局運用規則第 10 条で次のように規定されています．

無線局運用規則　第 10 条（無線通信の原則）

　必要のない無線通信は，これを行ってはならない.

2　無線通信に使用する用語は，できる限り簡潔でなければならない.

3　無線通信を行うときは，自局の識別信号を付して，その出所を明らかにしなければならない.

「識別信号」とは，呼出符号や呼出名称のことです．呼出符号は無線電信と無線電話の両方に使用され，呼出名称は無線電話で使用されます.

4　無線通信は，正確に行うものとし，通信上の誤りを知ったときは，**直ちに訂正**しなければならない.

無線通信の原則に関する問題は正しいものや誤っているものを選ぶ問題などさまざまなパターンが出題されています．この 4 つを確実に覚えておきましょう.

問題 4 　★★　　　　　　　　　　　　　　　　　　　　　　　➡5.2

　一般通信方法における無線通信の原則として無線局運用規則に定める事項に該当しないものはどれか．次のうちから選べ.

1　無線通信に使用する用語は，できる限り簡潔でなければならない.

2　必要のない無線通信は，これを行ってはならない.

3　無線通信は，正確に行うものとし，通信上の誤りを知ったときは，通報の終了後一括して訂正しなければならない.

4　無線通信を行うときは，自局の識別信号を付して，その出所を明らかにしなければならない.

解説▶ 誤っている選択肢は次のようになります.

3 「**通報の終了後一括して訂正**」ではなく,正しくは「**直ちに訂正**」です.

答え▶▶▶ 3

問題 5 ★★★ **➡5.2**

一般通信方法における無線通信の原則として無線局運用規則に規定されているものはどれか.次のうちから選べ.

1 無線通信を行う場合においては,略符号以外の用語を使用してはならない.

2 無線通信は,長時間継続して行ってはならない.

3 無線通信に使用する用語は,できる限り簡潔でなければならない.

4 無線通信は,正確に行うものとし,通信上の誤りを知ったときは,通報の終了後一括して訂正しなければならない.

解説▶ 1 × 略符号以外の用語は**使用することができます**.

2 × 無線通信の時間に関する規定はありません.

4 × 「**通報の終了後一括して訂正**」ではなく,「**直ちに訂正**」しなければいけません.

答え▶▶▶ 3

出題傾向 選択肢が「無線通信を行う場合においては,暗語を使用してはならない(誤り)」となる問題も出題されています.

5.3 無線電話通信の方法

通信方法は無線電信の時代から存在していますので,無線電信の通信方法が基準になっています.無線電話が開発されたのは,無線電信の後ですので,無線電話の通信方法は無線電信の通信方法の一部分を読み替えて行います(例えば,「DE」を「こちらは」に読み替える).実験等無線局及びアマチュア無線局の行う通信には,暗語を使用することはできません.無線局は,「相手局を呼び出そうとするときは,電波を発射する前に,受信機を最良の感度に調整し,自局の発射しようとする電波の周波数その他必要と認める周波数によって聴守し,他の通信に混信を与えないことを確かめなければならない」とされています.

無線局は，相手局を呼び出そうとするときは，電波を発射する前に，受信機を最良の感度に調整し，自局の発射しようとする電波の周波数その他必要と認める周波数によって聴守し，他の通信に混信を与えないことを確かめなければならない．ただし，遭難通信，緊急通信，安全通信及び電波法第 74 条第 1 項に規定する通信を行う場合並びに海上移動業務以外の業務において他の通信に混信を与えないことが確実である電波により通信を行う場合は，この限りでない．

　2　前項の場合において，他の通信に混信を与えるおそれがあるときは，その通信が終了した後でなければ呼出しをしてはならない．

5.3.1　呼出し

　呼出しは，順次送信する次に掲げる事項（以下「呼出事項」という．）によって行うものとします．

　（1）相手局の呼出符号　　3 回以下

　（2）DE　　　　　　　　　1 回

　（3）自局の呼出符号　　　3 回以下

5.3.2　呼出しの反復及び再開

　海上移動業務以外の業務においては，呼出しは，1 分間以上の間隔をおいて 2 回反復することができます．また，呼出しを反復しても応答がないときは，少なくとも 3 分間の間隔をおかなければ，呼出しを再開してはなりません．

5.3.3　呼出しの中止

　無線局は，自局の呼出しが他の既に行われている通信に混信を与える旨の通知を受けたときは，直ちにその呼出しを中止しなければなりません．無線設備の機器の試験又は調整のための電波の発射についても同様とします．

　この通知をする無線局は，その通知をする際に，分で表す概略の待つべき時間を示さなければなりません．

5.3.4　応答

　無線局は，自局に対する呼出しを受信したときは，直ちに応答しなければなりません．

この規定による応答は，順次送信する次に掲げる事項（以下「応答事項」という．）によって行うものとします．

(1) 相手局の呼出符号　　3回以下
(2) こちらは　　　　　　1回
(3) 自局の呼出符号　　　1回

この前項の応答に際して直ちに通報を受信しようとするときは，応答事項の次に「どうぞ」を送信するものとします．ただし，直ちに通報を受信することができない事由があるときは，「どうぞ」の代わりに「お待ち下さい」及び分で表す概略の待つべき時間を送信するものとします．概略の待つべき時間が10分以上のときは，その理由を簡単に送信しなければなりません．

5.3.5　不確実な呼出しに対する応答

無線局は，自局に対する呼出しであることが確実でない呼出しを受信したときは，その呼出しが反覆され，かつ，自局に対する呼出しであることが確実に判明するまで応答してはなりません．

自局に対する呼出しを受信した場合において，呼出局の呼出符号が不確実であるときは，応答事項のうち相手局の呼出符号の代わりに「誰かこちらを呼びましたか」を使用して，直ちに応答しなければなりません．

5.3.6　通報の送信

呼出しに対し応答を受けたときは，相手局が「少しお待ち下さい」を送信した場合及び呼出しに使用した電波以外の電波に変更する場合を除いて，直ちに通報の送信を開始するものとします．

通報の送信は，次に掲げる事項を順次送信して行うものとします．ただし，呼出しに使用した電波と同一の電波により送信する場合は，(1) から (3) までに掲げる事項の送信を省略することができます．

(1) 相手局の呼出符号　　1回
(2) こちらは　　　　　　1回
(3) 自局の呼出符号　　　1回
(4) 通報
(5) どうぞ　　　　　　　1回

この送信において，通報は，「終わり」をもって終わるものとします．

▍5.3.7　長時間の送信

　無線局は，長時間継続して通報を送信するときは，30分ごとを標準として適当に「こちらは」及び自局の呼出符号を送信しなければなりません．

▍5.3.8　通信の終了

　通信が終了したときは，「さようなら」を送信するものとします．

★★★
超重要 ▍5.3.9　試験電波の発射

無線局運用規則　第39条（試験電波の発射）〈一部改編〉

　無線局は，無線機器の試験又は調整のため電波の発射を必要とするときは，発射する前に自局の発射しようとする電波の周波数及びその他必要と認める周波数によって聴守し，他の無線局の通信に混信を与えないことを確かめた後，次の符号を順次送信し，更に1分間聴守を行い，他の無線局から停止の請求がない場合に限り，「本日は晴天なり」の連続及び自局の呼出符号1回を送信しなければならない．この場合において，「本日は晴天なり」の連続及び自局の呼出符号の送信は，**10秒間をこえてはならない**．
　　（1）ただいま試験中　　3回
　　（2）こちらは　　　　　1回
　　（3）自局の呼出符号　　3回
2　前項の試験又は調整中は，しばしばその電波の周波数により聴守を行い，**他の無線局から停止の要求がないかどうか**を確かめなければならない．
3　海上移動業務以外の業務の無線局にあっては，必要があるときは，10秒間をこえて「本日は晴天なり」の連続及び自局の呼出符号の送信をすることができる．

　無線局は，相手局を呼び出そうとするときは，電波を発射する前に，受信機を最良の感度に調整し，自局の発射しようとする電波の周波数その他必要と認める周波数によって聴守し，他の通信に混信を与えないことを確かめなければなりません．

問題 6 ★ ➡ 5.3.9

無線局が電波を発射して行う無線電話の機器の試験中，しばしば確かめなければならないのはどれか．次のうちから選べ．

1 他の無線局から停止の要求がないかどうか．
2 「本日は晴天なり」の連続及び自局の呼出名称の送信が 5 秒間を超えていないかどうか．
3 空中線電力が許容値を超えていないかどうか．
4 その電波の周波数の偏差が許容値を超えていないかどうか．

解説 試験又は調整中は，しばしばその電波の周波数により聴守を行い，他の無線局から停止の要求がないかどうかを確かめなければなりません．

答え▶▶▶ 1

5 章

🔊 Column 遭難通信と非常通信

山で遭難している者を見つけたアマチュア無線家が免許状の記載範囲外の救助要請を行うために通信する場合は遭難通信でしょうか．そうではありません．遭難通信は「船舶又は航空機が重大かつ急迫の危険に陥った場合に遭難信号を前置する方法その他総務省令で定める方法により行う無線通信をいう．」と規定されています．遭難通信はあくまで船舶又は航空機が行う通信で，山で遭難した場合の通信は非常通信になります．

⑥章 業務書類等

この章から **0 ～ 1** 問出題

免許状は無線局に必ず備え付けなければならない書類ですが，それ以外に，正確な時計，無線業務日誌などの所定の書類を備え付けなければならないこともあります．

6.1 備付けを要する業務書類等

電波法 第60条（時計，業務書類等の備付け）

無線局には，正確な時計及び無線業務日誌その他総務省令で定める書類を備え付けておかなければならない．ただし，総務省令で定める無線局については，これらの全部又は一部の備付けを省略することができる．

総務省令で定める書類には，「無線局免許状」「無線局の免許の申請書の添付書類の写し」「無線局の変更の申請（届）書の添付書類の写し」などがあります．

6.2 時 計

通信や放送においては，正確な時刻を知ることや報知することは大切です．そのため，無線局には正確な時計を備え付けておかねばなりません．

無線局運用規則 第3条（時計）

電波法第60条の時計は，その時刻を毎日1回以上中央標準時又は協定世界時に照合しておかなければならない．

関連知識 協定世界時（UTC）

協定世界時の英語名は Coordinated Universal Time ですが，略語は世界時 UT に合わせたという説もあるようです．

★★★ 超重要 6.3 業務書類

電波法第60条の規定により備え付けておかなければならない書類は，電波法施行規則第38条で定められています．無線局の種別ごとに違いがありますが，概ね，次のような書類があります．

（1）**免許状**

（2）無線局の免許の申請書の添付書類の写し（無線局事項書，工事設計書）

（3）無線局の変更の申請（届）書の添付書類の写し

電波法施行規則 第38条（備付けを要する業務書類）第9項

9　登録局に備え付けておかなければならない書類は，規定にかかわらず，登録状とする．

問題 1 ★★　　　　　　　　　　　　　　　　　　　　　　　　　→6.3

基地局に備え付けておかなければならない書類はどれか．次のうちから選べ．

1　無線従事者免許証

2　無線従事者選解任届の写し

3　無線設備等の点検実施報告書の写し

4　免許状

答え▶▶▶ 4

6章

★★重要 **6.4　免許状の備付け**

電波法施行規則 第38条（備付けを要する業務書類）第2項，第3項

2　船舶局，無線航行移動局又は船舶地球局にあっては，免許状は，主たる送信装置のある場所の見やすい箇所に掲げておかなければならない．ただし，掲示を困難とするものについては，その掲示を要しない．

3　遭難自動通報局（携帯用位置指示無線標識のみを設置するものに限る．），船上通信局，陸上移動局，携帯局，無線標定移動局，携帯移動地球局，陸上を移動する地球局であって停止中にのみ運用を行うもの又は移動する実験試験局（宇宙物体に開設するものを除く．），アマチュア局（人工衛星に開設するものを除く．），簡易無線局若しくは気象援助局にあっては，電波法施行規則第38条第1項の規定にかかわらず，その**無線設備の常置場所**（VSAT地球局にあっては，当該VSAT地球局の送信の制御を行う他の1の地球局（VSAT制御地球局）の無線設備の設置場所とする．）に**免許状を備え付けなければならない**．

平成30年3月1日から免許状の掲示義務（船舶局，無線航行移動局又は船舶地球局を除く）は廃止され，「無線設備の常置場所に免許状を備え付けなければならない」となりました．また，証票は廃止になりました．

問題 2 ★★　　　　　　　　　　　　　　　　　　　➡6.4

　陸上移動局（包括免許に係る特定無線局を除く．）の免許状は，どこに備え付けておかなければならないか．次のうちから選べ．

1　無線設備の常置場所
2　基地局の通信室
3　免許人の事務所
4　基地局の無線設備の設置場所

解説　免許状は**無線設備の常置場所**に備え付けなればいけません．

答え▶▶▶ 1

6.5　無線局検査結果通知書

　従来の無線検査簿の備付け義務は廃止になり，それに代わり検査結果は無線局検査結果通知書で免許人等に通知されるようになりました．

6.6　無線業務日誌

　電波法第60条に規定する無線業務日誌には，毎日決まった事項を記載しなければなりません．ただし，総務大臣又は総合通信局長において特に必要がないと認めた場合は，記載の一部を省略することができます．なお，使用を終わった無線業務日誌は，使用を終わった日から2年間保存しなければなりません．

7章 監 督

この章から **3** 問出題

監督には,「公益上必要な監督」(電波の規整),「不適法運用等の監督」(電波の規正),「一般的な監督」(検査など)があります.電波法令違反者に対して罰則があります.

★★ 重要 7.1 監督の種類

　ここでいう監督は,「国が電波法令に掲載されている事項を達成するために,電波の規整,点検や検査,違法行為の予防,摘発,排除及び制裁などの権限を有するもの」で,免許人や無線従事者はこれらの命令に従わなければなりません.監督には表7.1に示すような,「公益上必要な監督」,「不適法運用等の監督」,「一般的な監督」の3種類があります.

■表7.1　監督の種類

	監督の種類	内　容
①	公益上必要な監督	電波の利用秩序の維持など公益上必要がある場合,「周波数若しくは空中線電力又は人工衛星局の無線設備の設置場所」の変更を命じる.非常の場合の無線通信を行わせる.　　　　　　　　　　　　　　　　（電波の規整）
②	不適法運用等の監督	「臨時の電波発射停止」,「無線局の免許内容制限,運用停止及び免許取消し」,「無線従事者免許取消し又は従事停止」,「免許を要しない無線局及び受信設備に対する電波障害除去の措置命令」などを行う.　　（電波の規正）
③	一般的な監督(電波法令の施行を確保するための監督)	無線局の検査,報告,電波監視などを実施する.

※上記①は免許人の責任となる事由のない場合,②は免許人の責任となる事由がある場合です.

7.2 公益上必要な監督

電波法　第71条(周波数等の変更)第1項

　総務大臣は,電波の規整その他公益上必要があるときは,無線局の目的の遂行に支障を及ぼさない範囲内に限り,当該無線局(登録局を除く.)の周波数若しくは空中線電力の指定を変更し,又は登録局の周波数若しくは空中線電力若しくは人工衛星局の無線設備の設置場所の変更を命ずることができる.

7章

127

電波の規整その他公益上必要があるときは，無線局の「周波数若しくは空中線電力」の変更を命ずることができますが，「電波型式」，「識別信号」，「運用許容時間」に関しては変更することは許されていません．

★★★ 超重要 | 7.3 | 不適法運用等の監督

電波法　第 72 条（電波の発射の停止）

　総務大臣は，**無線局の発射する電波の質が**電波法第 28 条の**総務省令で定めるものに適合していないと認めるとき**は，当該無線局に対して**臨時に電波の発射の停止を命ずる**ことができる．

電波の質は周波数の偏差，周波数の幅，高調波の強度等をいいます．

2　総務大臣は，前項の命令を受けた無線局からその発射する電波の質が電波法第 28 条の総務省令の定めるものに適合するに至った旨の申出を受けたときは，その無線局に電波を試験的に発射させなければならない．

3　総務大臣は，第 2 項の規定により発射する電波の質が電波法第 28 条の総務省令で定めるものに適合しているときは，直ちに第 1 項の停止を解除しなければならない．

電波法第 28 条に「送信設備に使用する電波の周波数の偏差及び幅，高調波の強度等電波の質は，総務省令で定めるところに適合するものでなければならない．」と規定されています．

問題 1 ★★★ ➡7.3

　総務大臣は，無線局の発射する電波の質が総務省令で定めるものに適合していないと認めるときは，その無線局に対してどのような処分を行うことができるか．次のうちから選べ．

1　臨時に電波の発射の停止を命ずる．

2　無線局の免許を取り消す．

3　空中線の撤去を命ずる．

4　周波数又は空中線電力の指定を変更する．

解説　総務大臣は，無線局の発射する電波の質が総務省令で定めるものに適合していないと認めるときは，当該無線局に対して**臨時に電波の発射の停止を命ずる**ことができます．

答え▶▶▶ 1

問題 2 ★ ➡7.3

　総務大臣が無線局に対して臨時に電波の発射の停止を命ずることができるのはどの場合か．次のうちから選べ．

1　無線局が必要のない無線通信を行っていると認めるとき

2　無線局の発射する電波が他の無線局の通信に混信を与えていると認めるとき．

3　免許状に記載された空中線電力の範囲を超えて無線局を運用していると認めるとき．

4　無線局の発射する電波の質が総務省令で定めるものに適合していないと認めるとき．

解説　総務大臣は，**無線局の発射する電波の質が総務省令で定めるものに適合していないと認めるとき**は，当該無線局に対して臨時に電波の発射の停止を命ずることができます．

答え▶▶▶ 4

7章

7.4 一般的監督（無線局の検査）

無線局に対する検査には，「新設検査」，「変更検査」，「定期検査」，「臨時検査」の他に「免許を要しない無線局の検査」があります．「新設検査」と「変更検査」は2章の無線局の免許に関することなので，ここでは「定期検査」と「臨時検査」について解説します．

★注意 7.4.1 定期検査

無線設備は時間の経過とともに劣化します．そのため，無線局が免許を受けたときの状態が，その後も維持されているかどうかを点検するために行われるのが定期検査です．簡易無線局やアマチュア局のように定期検査を実施しない無線局もあります．

定期検査では，以下の項目を検査します．

- 無線従事者の資格及び員数
- 無線設備
- 時計及び書類

検査の結果について，総務大臣又は総合通信局長から指示を受け相当な措置をしたときは，免許人等は速やかにその措置の内容を総務大臣又は総合通信局長に報告しなければなりません．

★★★超重要 7.4.2 臨時検査

定期検査は一定の時期ごとに行われる検査ですが，次のような場合には臨時に検査が行われることがあります．

> **電波法** 第73条（検査）第5項〈一部改編〉
>
> 5　総務大臣は，電波法第71条の5（技術基準適合命令）の無線設備の修理その他の必要な措置をとるべきことを命じたとき．及び次に示す場合は，職員を無線局に派遣し，その無線設備等を検査させることができる．
>
> 「無線設備等」とは，無線設備，無線従事者の資格及び員数並びに時計及び書類のことです．

- 電波法第 72 条第 1 項（電波の発射の停止）で**臨時に電波の発射の停止を命じたとき**.
- 電波の発射の停止命令を受けた無線局から，免許人が措置を講じ電波の質が総務省令の定めるものに適合するに至った旨の申出を受けたとき
- 無線局のある船舶又は航空機が外国へ出港しようとするとき

問題 3 ★★ ➡ 7.4.2

無線局の臨時検査（電波法第 73 条第 5 項の検査）が行われることがあるのはどの場合か．次のうちから選べ．

1 無線従事者を選任したとき．
2 無線設備の変更の工事を行ったとき．
3 無線局の再免許の申請をし，総務大臣から免許が与えられたとき．
4 総務大臣から臨時に電波の発射の停止を命じられたとき．

解説 総務大臣は，無線局の発射する電波の質が総務省令で定めるものに適合していないと認めるときは，当該無線局に対して**臨時に電波の発射の停止を命ずる**ことができます（電波法第 72 条第 1 項）．このとき，臨時検査が行われることがあります．

答え▶▶▶ 4

問題 4 ★★ ➡ 7.4.2

無線局の臨時検査（電波法第 73 条第 5 項の検査）において検査されることがあるものはどれか．次のうちから選べ．

1 無線従事者の知識及び技能
2 無線従事者の資格及び員数
3 無線従事者の勤務状況
4 無線従事者の業務経歴

解説 無線設備等の検査の「無線設備等」とは，「無線設備，**無線従事者の資格及び員数**並びに時計及び書類」のことです．

答え▶▶▶ 2

7章

7.5　無線局の免許の取消し等

★★★ 超重要 | 7.5.1　無線局の運用の停止

電波法　第76条（無線局の免許の取消し等）第1項

　　総務大臣は，免許人等が電波法，放送法若しくはこれらの法律に基づく命令又はこれらに基づく処分に違反したときは，**3月以内の期間**を定めて**無線局の運用の停止**を命じ，又は期間を定めて運用許容時間，周波数若しくは空中線電力を制限することができる．

★★ 重要 | 7.5.2　免許人の違法行為による免許の取消し

電波法　第76条（無線局の免許の取消し等）第4項〈一部改編〉

　4　総務大臣は，免許人（包括免許人を除く．）が次の各号のいずれかに該当するときは，その免許を取り消すことができる．

（1）正当な理由がないのに，無線局の運用を引き続き **6月以上休止**したとき．

> 周波数は有限で貴重なものですので，能率的な利用が求められます．無線局の免許を得ても長く運用を休止しているということは，その無線局自体が不要であり，貴重な周波数の無駄使いと認定され免許の取消しの対象になっても当然といえます．

（2）不正な手段により無線局の免許若しくは変更等の許可を受け，又は申請による指定の変更を行わせたとき．

（3）第1項の規定による命令又は制限に従わないとき．

（4）免許人が電波法又は放送法に規定する罪を犯し罰金以上の刑に処せられ，その執行を終わり，又はその執行を受けることがなくなった日から **2年**を経過しない者．

> 免許人が欠格事由の規定により免許を受けることができない者となったとき，総務大臣は，無線局の免許を取り消さなければなりません．

問題 5 ★★★ → 7.5.1

無線局の免許人が電波法又は電波法に基づく命令に違反したときに総務大臣が行うことができる処分はどれか. 次のうちから選べ.

1 再免許の拒否 　　　　2 電波の型式の制限

3 無線局の運用の停止 　　4 通信の相手方又は通信事項の制限

解説 3月以内の期間を定めて, **無線局の運用の停止**を命ぜられます.

答え▶▶▶ 3

問題 6 ★ → 7.5.2

総務大臣が無線局の免許を取り消すことができるのは, 免許人（包括免許人を除く.）が正当な理由がないのに無線局の運用を引き続き何箇月以上休止したときか, 次のうちから選べ.

1 6箇月　　2 3箇月　　3 2箇月　　4 1箇月

解説 正当な理由がないのに, 無線局の運用を引き続き **6箇月**以上休止したとき, 総務大臣は, その免許を取り消すことができます.

答え▶▶▶ 1

7.6 無線従事者の免許の取消し等

★★ 重要

無線従事者は総務大臣の免許を受けた者ですので, 電波法令を遵守しなければなりません. また, 主任無線従事者に選任されている場合は, 無資格者に無線設備の操作をさせることになりますので, より一層電波法令の遵守が求められます. そのため, 無線従事者に法令違反があった場合は処分されます.

電波法 第79条（無線従事者の免許の取消し等）第1項

総務大臣は, 無線従事者が下記の (1)～(3) に該当するときは, その免許を取り消し, 又は3箇月以内の期間を定めてその業務に従事することを停止することができる.

(1) **電波法若しくは電波法に基づく命令又はこれらに基づく処分に違反したとき.**

(2) 不正な手段により免許を受けたとき.

(3) 著しく心身に欠陥があって無線従事者たるに適しない者に至ったとき.

問題 7 ★★　　　　　　　　　　　　　　　　　　　　　➡ 7.6

　総務大臣から無線従事者がその免許を取り消されることがあるのはどの場合か．次のうちから選べ．
　1　電波法又は電波法に基づく命令に違反したとき．
　2　免許証を失ったとき．
　3　日本の国籍を有しない者となったとき．
　4　引き続き5年以上無線設備の操作を行わなかったとき．

解説　電波法又は電波法に基づく命令に違反したときは免許を取り消されることがあります．なお，無線設備の操作を行わなくても無線従事者免許証は取り消されません．一生涯有効です．

答え▶▶▶ 1

問題 8 ★★　　　　　　　　　　　　　　　　　　　　　➡ 7.6

　無線従事者が総務大臣から3箇月以内の期間を定めてその業務に従事することを停止されることがあるのはどの場合か．次のうちから選べ．
　1　免許証を失ったとき．
　2　無線通信の業務に従事することがなくなったとき．
　3　電波法に違反したとき．
　4　無線局の運用を休止したとき．

解説　電波法79条において，「**電波法**若しくは電波法に基づく命令又はこれらに基づく処分に**違反したとき**は，その免許を取り消し，又は3箇月以内の期間を定めてその業務に従事することを停止することができる」と規定されています．

答え▶▶▶ 3

★★★
超重要　**7.7**　**無線局の免許が効力を失ったときの措置**

　無線局の免許等がその効力を失った後，その無線局を運用すると無線局の不法開設となり，1年以下の懲役又は100万円以下の罰金に処せられます．そのため，無線局の免許が効力を失ったときは，次のように空中線を撤去し，免許状を返納しなければなりません（返納しない場合は30万円以下の過料とされています）．

電波法 第 78 条（電波の発射の防止）

　無線局の免許等がその効力を失ったときは，免許人等であった者は，遅滞なく空中線の撤去その他の総務省令で定める電波の発射を防止するために必要な措置を講じなければならない．

電波法 第 24 条（免許状の返納）

　免許がその効力を失ったときは，免許人であった者は，**1 箇月以内**にその**免許状を返納**しなければならない．

問題 ⑨ ★★★　　　　　　　　　　　　　　　　　→7.7

　無線局の免許がその効力を失ったときは，免許人であった者は，その免許状をどうしなければならないか．次のうちから選べ．

1　直ちに廃棄する．
2　1 箇月以内に総務大臣に返納する．
3　3 箇月以内に総務大臣に返納する．
4　2 年間保管する．

解説　免許がその効力を失ったときは，**1 箇月以内にその免許状を返納**しなければなりません．

答え▶▶▶2

問題 ⑩ ★★★　　　　　　　　　　　　　　　　　→7.7

　無線局の免許状を 1 箇月以内に総務大臣に返納しなければならないのはどの場合か．次のうちから選べ．

1　無線局の運用の停止を命じられたとき．
2　無線局の免許がその効力を失ったとき．
3　免許状を破損し，又は汚したとき．
4　無線局の運用を休止したとき．

解説　**免許がその効力を失ったとき**は，免許人であった者は，1 箇月以内にその免許状を総務大臣に返納しなければなりません．

答え▶▶▶2

7章

超重要 ★★★

7.8　報　告

　遭難通信や非常通信を行ったとき，電波法令に違反して運用している無線局を認めた場合など，速やかに文書で総務大臣に報告しなければなりません．後者の場合は免許人等の協力により電波行政の目的を達成しようというものです．

電波法　第 80 条（報告等）

　無線局の免許人等は，次に掲げる場合は，総務省令で定める手続により，**総務大臣に報告**しなければならない．

（1）遭難通信，緊急通信，安全通信又は**非常通信を行ったとき．**

（2）**電波法又は電波法に基づく命令の規定に違反して運用した無線局を認めたとき．**

（3）無線局が外国において，あらかじめ総務大臣が告示した以外の運用の制限をされたとき．

> 遭難通信，緊急通信，安全通信又は非常通信を行ったとき，電波法令に違反して運用している無線局を認めた場合などは総務大臣に報告しなければなりません．非常通信については 5.1.1 の電波法第 52 条（4）を参照して下さい．

問題 11　★★★　　　　　　　　　　　　　　　　　　　　　**→ 7.8**

　無線局の免許人は，非常通信を行ったときは，どうしなければならないか．次のうちから選べ．

　1　地方防災会議会長に報告する．

　2　非常災害対策本部長に届け出る．

　3　その通信の記録を作成し，1 年間これを保存する．

　4　総務省令で定める手続により，総務大臣に報告する．

解説　非常通信を行ったときは，**総務大臣に報告**しなければいけません．

答え ▶▶▶ 4

問題 12 ★★★   → 7.8

　無線局の免許人は，電波法又は電波法に基づく命令の規定に違反して運用した無線局を認めたときは，どうしなければならないか．次のうちから選べ．

1　総務省令で定める手続により，総務大臣に報告する．

2　その無線局の免許人等にその旨を通知する．

3　その無線局の免許人等を告発する．

4　その無線局の電波の発射を停止させる．

解説　電波法又は電波法に基づく命令の規定に違反して運用した無線局を認めたときは，総務省令で定める手続により，**総務大臣に報告**しなければならないとされています．なお，電波法第 80 条により規定されているため，「80 条報告」と言われています．

答え▶▶▶ 1

7.9　電波利用料

　無線局の免許人や登録人は所定の電波利用料を払わなければなりません．

　電波利用料は，良好な電波環境の構築・整備に係る費用を，無線局の免許人等が分担する制度で，「電波監視業務の充実」「周波数ひっ迫対策のための技術試験事務及び電波資源拡大のための研究開発等」「電波の安全性に関する調査及び評価技術」「標準電波の発射」などに活用されます．

関連知識　**電波利用料の金額の例（令和 5 年 2 月現在）**
空中線電力 10 kW 以上のテレビジョン基幹放送局：596,312,200 円
陸上移動局：400 円
実験等無線局及びアマチュア局：300 円

7.10　罰　則

　電波法の目的を達成するため，数々の義務が課せられていますが，その義務が履行されない場合に対し罰則が設けられています．

　電波法上の罰則は，「懲役」「禁錮」「罰金」の 3 種類があり，その他に秩序罰としての「過料」があります．

7章

「懲役」「禁錮」「罰金」が科せられる場合のいくつかを**表 7.2** に示します.

■**表 7.2　罰則の具体例**

根拠条文	罰則に該当する行為	法定刑
105 条	・無線通信の業務に従事する者が**遭難通信の取扱**をしなかったとき,又はこれを遅延させたとき(遭難通信の取扱を妨害した者も同様)	1 年以上の有期懲役
106 条	・自己若しくは他人に利益を与え,又は他人に損害を加える目的で,無線設備又は高周波利用設備の通信設備によって**虚偽の通信を発した者**	3 年以下の懲役又は150 万円以下の罰金
	・船舶遭難又は**航空機遭難**の事実がないのに,無線設備によって遭難通信を発した者	3 月以上 10 年以下の懲役
107 条	・無線設備又は高周波利用設備の通信設備によって日本国憲法又はその下に成立した政府を**暴力で破壊す**ることを主張する通信を発した者	5 年以下の懲役又は禁錮
108 条	・無線設備又は高周波利用設備の通信設備によって**わいせつな通信**を発した者	2 年以下の懲役又は100 万円以下の罰金
108 条の 2	・電気通信業務又は放送の業務の用に供する無線局の無線設備又は人命若しくは財産の保護,治安の維持,気象業務,電気事業に係る電気の供給の業務若しくは鉄道事業に係る列車の運行の業務の用に供する無線設備を損壊し,又はこれに物品を接触し,その他その無線設備の機能に障害を与えて無線通信を妨害した者(未遂罪は,罰せられる)	5 年以下の懲役又は250 万円以下の罰金
109 条	・無線局の取扱中に係る**無線通信の秘密を漏らし,又は窃用**した者	1 年以下の懲役又は50 万円以下の罰金
	・**無線通信の業務に従事する者**がその業務に関し知り得た前項の秘密を漏らし,又は窃用したとき	2 年以下の懲役又は100 万円以下の罰金
110 条	・免許又は登録がないのに,無線局を開設した者	1 年以下の懲役又は100 万円以下の罰金
	・免許状の記載事項違反	
113 条	・無線従事者が業務に従事することを停止されたのに,無線設備の操作を行った場合	30 万円以下の罰金

「過料」の例を挙げると,免許状の返納違反(電波法第 24 条)については 30 万円以下の過料(電波法第 116 条)などがあります.

問題 13 ★ ➡ 7.10

　無線従事者が電波法に違反して，総務大臣から期間を定めてその業務に従事することを停止されたのに，無線設備の操作を行った場合，どのような処分を受けるか，次のうちから選べ．

　1　10万円以下の罰金　　　2　30万円以下の罰金
　3　6箇月以下の懲役　　　4　1年以下の懲役

解説　電波法第113条に，「総務大臣から免許の取消し又は期間を定めて業務に従事することを停止されたのに，無線設備の操作を行った者は **30万円以下の罰金**に処する」と規定されています．

答え▶▶▶ 2

🔊 Column 「罰金」と「科料」と「過料」

罰金：財産を強制的に徴収するもので，その金額は10,000円以上です．刑事罰で前科になります．駐車違反などで徴収される反則金は罰金ではありません．

科料：財産を強制的に徴収するもので，その金額は1,000円以上，10,000円未満です．罰金同様，刑事罰で前科になります．軽犯罪法違反など，軽い罪について科料の定めがあります．

過料：行政上の金銭的な制裁で刑罰ではありません．「タバコのポイ捨て禁止条例」などに違反したような場合に過料が課されることがあります．

7章

参考文献

（1） 情報通信振興会編：「学習用電波法令集」（令和4年版），情報通信振興会
（2022）

（2） 今泉至明：「電波法要説（第12版）」，情報通信振興会（2022）

（3） 倉持内武，吉村和昭，安居院猛：「身近な例で学ぶ　電波・光・周波数」，
森北出版（2009）

（4） 安居院猛，吉村和昭，倉持内武：「エッセンシャル電気回路（第2版）」，
森北出版（2017）

（5） 吉村和昭，倉持内武：「これだけ！電波と周波数」，秀和システム（2015）

（6） 吉村和昭：「やさしく学ぶ　第一級陸上特殊無線技士試験（改訂2版）」，
オーム社（2018）

（7） 吉村和昭：「やさしく学ぶ　第二級陸上特殊無線技士試験（改訂2版）」，
オーム社（2019）

（8） 吉村和昭：「一陸特　無線工学　完全マスター」，情報通信振興会（2016）

索 引

▶ ア 行 ◀	
アクセプタ	17
アマチュア無線局	87
アルカリ乾電池	67
安全通信	114
安定度	34
アンテナ	48
位相変調器	31
一次電池	66
一般的監督	130
エミッタ	18
円偏波	6
オームの法則	8
音声増幅器	31

▶ カ 行 ◀	
回折波	59
化学電池	66
過 料	139
科 料	139
緩衝増幅器	30
乾電池	67
感 度	34
監 督	127
——の種類	127
擬似空中線回路	115
技術操作	104
逆方向接続	17
キャパシタ	12
給電線	56
給電点インピーダンス	48
協定世界時	124
業務書類	124
局部発振器	35, 37
緊急通信	114

空中線	48
ゲート	20
検 波	22
検波器	35
コイル	14
公益上必要な監督	127
航空機の無線局	88
高周波増幅器	35, 37
高調波	102
——の強度等	102
極超短波	5
固定局	92
コレクタ	18
混 信	114
コンデンサ	12

▶ サ 行 ◀	
再免許	90
サブミリ波	5
酸化銀電池	67
識別信号	118
試験電波の発射	122
指向性	49
自己放電	67
指示計器	72
実験等無線局	87, 115
時分割多元接続	41
時分割多重	41
周 期	2
周波数	2
——の幅	102
——の偏差	102
周波数安定度	24
周波数混合器	35, 37
周波数逓倍器	30, 31
周波数分割多元接続	41
周波数分割多重	40
周波数変調	24

周波数弁別‥‥‥‥‥‥‥‥‥‥‥‥‥‥‥　22
周波数弁別器‥‥‥‥‥‥‥‥‥‥‥‥‥‥　37
主任無線従事者‥‥‥‥‥‥‥‥‥‥‥‥　104
順方向接続‥‥‥‥‥‥‥‥‥‥‥‥‥‥‥　17
省　令‥‥‥‥‥‥‥‥‥‥‥‥‥‥‥‥‥　82
申　請‥‥‥‥‥‥‥‥‥‥‥‥‥‥‥‥‥　96
振幅制限器‥‥‥‥‥‥‥‥‥‥‥‥‥‥‥　37
振幅変調‥‥‥‥‥‥‥‥‥‥‥‥‥‥‥‥　22

水晶発振器‥‥‥‥‥‥‥‥‥‥‥‥‥30, 31
垂直偏波‥‥‥‥‥‥‥‥‥‥‥‥‥‥‥‥‥　6
水平偏波‥‥‥‥‥‥‥‥‥‥‥‥‥‥‥‥‥　6
スケルチ回路‥‥‥‥‥‥‥‥‥‥‥‥‥‥　37
スケルチ調整‥‥‥‥‥‥‥‥‥‥‥‥‥‥　44
スーパヘテロダイン方式‥‥‥‥‥‥‥‥‥　34
スポラジックＥ層‥‥‥‥‥‥‥‥‥‥‥‥　59
スリーブアンテナ‥‥‥‥‥‥‥‥‥‥‥‥　52

制御器‥‥‥‥‥‥‥‥‥‥‥‥‥‥‥‥‥　44
整流回路‥‥‥‥‥‥‥‥‥‥‥‥‥‥‥‥　65
政　令‥‥‥‥‥‥‥‥‥‥‥‥‥‥‥‥‥　81
絶縁体‥‥‥‥‥‥‥‥‥‥‥‥‥‥‥‥‥　16
接合形トランジスタ‥‥‥‥‥‥‥‥‥‥‥　18
接合ダイオード‥‥‥‥‥‥‥‥‥‥‥‥‥　17
絶対利得‥‥‥‥‥‥‥‥‥‥‥‥‥‥‥‥　49
接頭語‥‥‥‥‥‥‥‥‥‥‥‥‥‥‥‥‥‥　4
窃　用‥‥‥‥‥‥‥‥‥‥‥‥‥‥‥‥　115
選択度‥‥‥‥‥‥‥‥‥‥‥‥‥‥‥‥‥　34
センチ波‥‥‥‥‥‥‥‥‥‥‥‥‥‥‥‥‥　5
船舶の無線局‥‥‥‥‥‥‥‥‥‥‥‥‥‥　88
全方向性アンテナ‥‥‥‥‥‥‥‥‥‥‥‥　49
占有周波数帯幅‥‥‥‥‥‥‥‥‥‥‥‥‥　22

送信機‥‥‥‥‥‥‥‥‥‥‥‥‥‥‥‥‥　40
相対利得‥‥‥‥‥‥‥‥‥‥‥‥‥‥‥‥　49
遭難通信‥‥‥‥‥‥‥‥‥‥‥‥‥114, 123
ソース‥‥‥‥‥‥‥‥‥‥‥‥‥‥‥‥‥　20

▶　　　　タ　行　　　　◀

大地反射波‥‥‥‥‥‥‥‥‥‥‥‥‥‥‥　59
対流圏伝搬‥‥‥‥‥‥‥‥‥‥‥‥‥‥‥　59
対流圏波‥‥‥‥‥‥‥‥‥‥‥‥‥‥‥‥　59
多元接続‥‥‥‥‥‥‥‥‥‥‥‥‥‥‥‥　40

縦　波‥‥‥‥‥‥‥‥‥‥‥‥‥‥‥‥‥‥　5
単一指向性アンテナ‥‥‥‥‥‥‥‥‥‥‥　49
短　波‥‥‥‥‥‥‥‥‥‥‥‥‥‥‥‥‥‥　5

地上波伝搬‥‥‥‥‥‥‥‥‥‥‥‥‥‥‥　59
地表波‥‥‥‥‥‥‥‥‥‥‥‥‥‥‥‥‥　59
中間周波増幅器‥‥‥‥‥‥‥‥‥‥‥35, 37
忠実度‥‥‥‥‥‥‥‥‥‥‥‥‥‥‥‥‥　34
中　波‥‥‥‥‥‥‥‥‥‥‥‥‥‥‥‥‥‥　5
超短波‥‥‥‥‥‥‥‥‥‥‥‥‥‥‥‥‥‥　5
超長波‥‥‥‥‥‥‥‥‥‥‥‥‥‥‥‥‥‥　5
長　波‥‥‥‥‥‥‥‥‥‥‥‥‥‥‥‥‥‥　5
直接波‥‥‥‥‥‥‥‥‥‥‥‥‥‥‥‥‥　59
直線偏波‥‥‥‥‥‥‥‥‥‥‥‥‥‥‥‥‥　6
直列接続‥‥‥‥‥‥‥‥‥‥‥‥‥‥10, 13
直交周波数分割多重‥‥‥‥‥‥‥‥‥‥‥　41
直交振幅変調‥‥‥‥‥‥‥‥‥‥‥‥‥‥　28

通信操作‥‥‥‥‥‥‥‥‥‥‥‥‥‥‥　104
通信の秘密の保護‥‥‥‥‥‥‥‥‥‥‥　115

定期検査‥‥‥‥‥‥‥‥‥‥‥‥‥‥‥　130
低周波増幅器‥‥‥‥‥‥‥‥‥‥‥‥35, 37
適合表示無線設備‥‥‥‥‥‥‥‥‥‥‥‥　86
デジタル変調‥‥‥‥‥‥‥‥‥‥‥‥‥‥　27
デジタル無線送受信装置‥‥‥‥‥‥‥‥‥　39
テスタ‥‥‥‥‥‥‥‥‥‥‥‥‥‥‥‥‥　74
デリンジャー現象‥‥‥‥‥‥‥‥‥‥‥‥　61
電圧降下‥‥‥‥‥‥‥‥‥‥‥‥‥‥‥‥‥　8
電圧の測定‥‥‥‥‥‥‥‥‥‥‥‥‥‥‥　73
電界効果トランジスタ‥‥‥‥‥‥‥‥‥‥　19
電源回路‥‥‥‥‥‥‥‥‥‥‥‥‥‥‥‥　64
電　池‥‥‥‥‥‥‥‥‥‥‥‥‥‥‥‥‥　66
　──の容量‥‥‥‥‥‥‥‥‥‥‥‥‥‥　69
電　波‥‥‥‥‥‥‥‥‥‥‥‥‥‥‥‥2, 84
　──の回折‥‥‥‥‥‥‥‥‥‥‥‥‥‥　60
　──の型式の表示‥‥‥‥‥‥‥‥‥‥‥　98
　──の屈折‥‥‥‥‥‥‥‥‥‥‥‥‥‥　60
　──の質‥‥‥‥‥‥‥‥‥‥‥‥‥‥　102
　──の速度‥‥‥‥‥‥‥‥‥‥‥‥‥‥‥　2
電波法‥‥‥‥‥‥‥‥‥‥‥‥‥‥‥‥‥　80
　──の構成‥‥‥‥‥‥‥‥‥‥‥‥‥‥　81
　──の目的‥‥‥‥‥‥‥‥‥‥‥‥‥‥　80

電波利用料‥‥‥‥‥‥‥‥‥‥‥ 137
電離層嵐‥‥‥‥‥‥‥‥‥‥‥‥ 61
電離層伝搬‥‥‥‥‥‥‥‥‥‥‥ 59
電離層反射波‥‥‥‥‥‥‥‥‥‥ 59
電流の測定‥‥‥‥‥‥‥‥‥‥‥ 73
電　力‥‥‥‥‥‥‥‥‥‥‥‥‥ 8
電力増幅器‥‥‥‥‥‥‥‥‥ 30, 31

同軸ケーブル‥‥‥‥‥‥‥‥‥‥ 56
導　体‥‥‥‥‥‥‥‥‥‥‥‥‥ 16
時　計‥‥‥‥‥‥‥‥‥‥‥‥ 124
届　出‥‥‥‥‥‥‥‥‥‥‥‥‥ 96
ドナー‥‥‥‥‥‥‥‥‥‥‥‥‥ 17
トランジスタ‥‥‥‥‥‥‥‥‥‥ 18
ドレイン‥‥‥‥‥‥‥‥‥‥‥‥ 20

▶　　ナ　行　　◀

内部雑音‥‥‥‥‥‥‥‥‥‥‥‥ 34
鉛蓄電池‥‥‥‥‥‥‥‥‥‥‥‥ 67

二次電池‥‥‥‥‥‥‥‥‥‥‥‥ 66
ニッケル・カドミウム蓄電池‥‥‥ 68
ニッケル・水素蓄電池‥‥‥‥‥‥ 68
入力インピーダンス‥‥‥‥‥‥‥ 48

▶　　ハ　行　　◀

罰　金‥‥‥‥‥‥‥‥‥‥‥‥ 139
発振回路‥‥‥‥‥‥‥‥‥‥‥‥ 32
罰　則‥‥‥‥‥‥‥‥‥‥‥‥ 137
パラボラアンテナ‥‥‥‥‥‥‥‥ 54
半導体‥‥‥‥‥‥‥‥‥‥‥‥‥ 16
半波長ダイポールアンテナ‥‥‥‥ 50

非常通信‥‥‥‥‥‥‥‥‥‥114, 116
非常の場合の無線通信‥‥‥‥‥‥ 116
ヒューズ‥‥‥‥‥‥‥‥‥‥‥‥ 65
標本化回路‥‥‥‥‥‥‥‥‥‥‥ 39

復　調‥‥‥‥‥‥‥‥‥‥‥‥‥ 22
符号化回路‥‥‥‥‥‥‥‥‥‥‥ 40
符号分割多元接続‥‥‥‥‥‥‥‥ 41
符号分割多重‥‥‥‥‥‥‥‥‥‥ 41
物理電池‥‥‥‥‥‥‥‥‥‥‥‥ 66

不適法運用等の監督‥‥‥‥‥‥ 128
不要輻射‥‥‥‥‥‥‥‥‥‥‥‥ 34
ブラウンアンテナ‥‥‥‥‥‥‥‥ 53
プレストークボタン‥‥‥‥‥‥‥ 44

平滑回路‥‥‥‥‥‥‥‥‥‥‥‥ 65
並列接続‥‥‥‥‥‥‥‥‥‥ 10, 12
ベース‥‥‥‥‥‥‥‥‥‥‥‥‥ 18
変圧器‥‥‥‥‥‥‥‥‥‥‥‥‥ 64
変　調‥‥‥‥‥‥‥‥‥‥‥‥‥ 22
変調器‥‥‥‥‥‥‥‥‥‥‥‥‥ 31
偏波面‥‥‥‥‥‥‥‥‥‥‥‥‥ 6

ホイップアンテナ‥‥‥‥‥‥‥‥ 52
報　告‥‥‥‥‥‥‥‥‥‥‥‥ 136
傍　受‥‥‥‥‥‥‥‥‥‥‥‥ 115
放電終止電圧‥‥‥‥‥‥‥‥‥‥ 71

▶　　マ　行　　◀

マンガン乾電池‥‥‥‥‥‥‥‥‥ 67

ミリ波‥‥‥‥‥‥‥‥‥‥‥‥‥ 5

無線業務日誌‥‥‥‥‥‥‥‥‥ 126
無線局‥‥‥‥‥‥‥‥‥‥‥‥‥ 84
　　──の開設‥‥‥‥‥‥‥‥‥ 84
無線局検査結果通知書‥‥‥‥‥ 126
無線局の免許‥‥‥‥‥‥‥‥‥‥ 86
　　──が効力を失ったときの措置‥‥‥ 134
　　──の取消し等‥‥‥‥‥‥ 132
無線従事者‥‥‥‥‥‥‥‥ 84, 104
　　──の免許の取消し等‥‥‥ 133
無線従事者免許証‥‥‥‥‥‥‥ 109
　　──の携帯‥‥‥‥‥‥‥‥ 110
　　──の交付‥‥‥‥‥‥‥‥ 109
　　──の再交付‥‥‥‥‥‥‥ 110
　　──の返納‥‥‥‥‥‥‥‥ 110
無線設備‥‥‥‥‥‥‥‥‥‥ 84, 97
無線設備等‥‥‥‥‥‥‥‥‥‥ 130
無線通信の原則‥‥‥‥‥‥‥‥ 118
無線電信‥‥‥‥‥‥‥‥‥‥‥‥ 84
無線電話‥‥‥‥‥‥‥‥‥‥‥‥ 84

メモリー効果······················· 67
免許状····························· 92
　　──の備付け··············· 125
　　──の訂正··················· 94
免許内容の変更··················· 94
免許の有効期間··················· 89

目的外使用の禁止··············· 113

▶　　　　ヤ　行　　　　◀

八木・宇田アンテナ··············· 53

横　波······························· 5

▶　　　　ラ　行　　　　◀

リチウムイオン蓄電池············· 68
利　得····························· 49
量子化回路······················· 40
臨時検査························· 130

励振増幅器······················· 31

▶　　　　英数字　　　　◀

1/4 波長垂直アンテナ············· 50

A3E······························· 23
AGC······························ 35
AM······························· 22
AM（A3E）受信機············· 34
AM（A3E）送信機············· 30
ASK······························ 27

CDM······························ 41
CDMA···························· 41

D/A 変換器······················ 40
DSB······························· 23

EHF······························· 5

FDM······························ 41

FDMA···························· 41
FET······························· 19
FM································· 24
FM（F3E）受信機·············· 37
FM（F3E）送信機·············· 31
FSK······························· 27

HF·································· 5

IDC 回路························· 31

J3E································ 24

LF·································· 5

MF·································· 5

NPN 形トランジスタ··········· 18
N 形半導体······················ 17

OFDM···························· 41
OFDMA··························· 42

PNP 形トランジスタ··········· 18
PSK······························· 27
P 形半導体······················ 17

QAM······························ 28

SHF································ 5
SSB································ 24

TDM······························ 41
TDMA···························· 41

UHF································ 5
UTC······························ 124

VHF································ 5
VLF································ 5

〈著者略歴〉

吉 村 和 昭 （よしむら　かずあき）

学　歴　東京商船大学大学院博士後期課程修了
　　　　博士（工学）
職　歴　東京工業高等専門学校
　　　　桐蔭学園工業高等専門学校
　　　　桐蔭横浜大学電子情報工学科
　　　　芝浦工業大学工学部電子工学科（非常勤）
　　　　国士舘大学理工学部電子情報学系（非常勤）

　　　　第一級陸上無線技術士，第一級総合無線通信士

〈主な著書〉

「やさしく学ぶ　第一級陸上特殊無線技士試験（改訂2版）」
「やさしく学ぶ　第二級陸上特殊無線技士試験（改訂2版）」
「第一級陸上無線技術士試験　やさしく学ぶ　法規（改訂3版）」
「やさしく学ぶ　航空無線通信士試験（改訂2版）」
「やさしく学ぶ　航空特殊無線技士試験」
「やさしく学ぶ　第三級海上無線通信士試験」
「やさしく学ぶ　第二級海上特殊無線技士試験」　　以上オーム社

やさしく学ぶ
第三級陸上特殊無線技士試験（改訂2版）

2017 年 2 月 20 日　　第 1 版第 1 刷発行
2022 年 8 月 15 日　　改訂 2 版第 1 刷発行
2023 年 4 月 10 日　　改訂 2 版第 2 刷発行

著　　者　吉村和昭
発 行 者　村上和夫
発 行 所　株式会社 オーム社
　　　　　郵便番号　101-8460
　　　　　東京都千代田区神田錦町 3-1
　　　　　電話　03(3233)0641(代表)
　　　　　URL　https://www.ohmsha.co.jp/

© 吉村和昭 2022

組版　新生社　　印刷・製本　平河工業社
ISBN978-4-274-22896-4　Printed in Japan

本書の感想募集 https://www.ohmsha.co.jp/kansou/

本書をお読みになった感想を上記サイトまでお寄せください．
お寄せいただいた方には，抽選でプレゼントを差し上げます．

4章　無線従事者　☞ 3〜4問出題

・無線従事者の定義 といえば▶
　無線設備の操作又はその監督を行う者であって，総務大臣の免許を受けたもの
・無線従事者や主任無線従事者の選任又は解任 といえば▶
　遅滞なく総務大臣に届け出る
・三陸特の技術操作の空中線電力（100 W 以下） といえば▶ **1 215 MHz 以上**
・三陸特の技術操作の空中線電力（50 W 以下） といえば▶
　25 010 kHz から 960 MHz まで
・無線従事者の免許を与えない といえば▶ 取消しの日から **2 年**を経過しないもの
・無線従事者が業務に従事 といえば▶ 免許証を**携帯**
・再交付後に失った免許証を発見 といえば▶
　10 日以内に発見した免許証を総務大臣に**返納**
・免許証を総務大臣に返納 といえば▶ **免許の取消しの処分**

5章　運　用　☞ 1問出題

・無線局の運用 といえば▶ **免許状に記載されている範囲内**
・擬似空中線回路の使用 といえば▶ 機器の**試験又は調整**
・秘密の保護 といえば▶
　特定の相手方に対して行われる無線通信を傍受してその存在若しくは内容を
　漏らし，又はこれを窃用してはならない
・無線通信の原則 といえば▶
　使用する用語はできる限り簡潔，必要のない無線通信は行わない，誤りを知っ
　たときは**直ちに訂正**
・機器の試験中に確認 といえば▶ 他の無線局から**停止の要求**がないかどうか